**Sabine Kramer**

# Relevanz von Lerntagebüchern im Mathematikunterricht einer 7. Gesamtschulklasse.

**Klasse 7 Gesamtschule**

GRIN Verlag

**Bibliografische Information der Deutschen Nationalbibliothek:**

Die Deutsche Bibliothek verzeichnet diese Publikation in der Deutschen Nationalbibliografie; detaillierte bibliografische Daten sind im Internet über http://dnb.d-nb.de/ abrufbar.



**Impressum:**


Druck und Bindung: Books on Demand GmbH, Norderstedt Germany
ISBN: 978-3-656-50866-3

**Dieses Buch bei GRIN:**

http://www.grin.com/de/e-book/262506/relevanz-von-lerntagebuechern-im-mathematikunterricht-einer-7-gesamtschulklasse

# Inhalt

# 1. Einleitung

*„Ich werf' meine Hefte nach'm Schuljahr weg!"* (Özgür[12]) und

*„Mathe ist doof. Ich konnte noch nie Mathe!"* (Lisa[3])

Aussagen wie diese hat wahrscheinlich jeder schon einmal gehört. Sie zeigen deutlich, dass die meisten Schüler[4] ihre Hefte als nicht nützlich empfinden oder ihren eigenen Lernerfolg nicht erkennen. Dieser Missstand beschäftigte mich bereits lange Zeit. Durch meine Überlegungen ist mir klar geworden, dass die Schüler eine Möglichkeit bekommen sollten, ihre Lernfortschritte über Jahre hinweg zu verfolgen. Das Regelheft, welches ich erst in Betracht zog, empfand ich als nicht ausreichend, da die Schüler ihre individuellen Lernerfolge dort nicht sehen bzw. verfolgen können. Bei der Suche nach einer geeigneten Methode stieß ich auf einen Artikel von MERZIGER (2006). Dieser handelt vom Lerntagebuch und überzeugte mich sofort. Mir erschien diese Methode erfolgversprechend, vor allem um das Selbstvertrauen der Schüler im Mathematikunterricht zu stärken, welches oft – wie bei der eingangs zitierten Lisa – sehr gering ist. Ich selbst hatte diese Methode als Schülerin nie kennengelernt und keine konkrete Vorstellung davon. Jedoch nutze ich in meiner Schulzeit konsequent Regelhefte, welche meinen Lernprozess dauerhaft im positiven Sinne unterstützten, in dem sie mir als Erinnerungshilfe dienten. Ich verband die neu entdeckte Methode „Lerntagebücher" mit den schon bekannten Regelheften. Neben dem persönlichen Interesse an Lerntagebüchern und meinen eigenen Erfahrungen mit Regelheften ergeben sich für mich zwei reizvolle Leitfragen:

1. Spiegelt sich in den Lerntagebüchern das Wesentliche des Unterrichts wider?
2. In wie weit können die Schüler das Lerntagebuch als Erinnerungshilfe nutzen?

Genau darauf liegt der Fokus in diesem Unterrichtsversuch. Schüler, die in gewisser Weise selbstständig lernen können, sind eine Voraussetzung dafür, das Wesentliche des Unterrichts erkennen und notieren zu können (vgl. Merziger 2007, 86f.).

*„Solange die spontanen Schülerprodukte nur schmückendes Beiwerk sind, solange sich der ganze Unterricht auf die Schulbücher und die Erläuterung der Lehrer konzentriert, so lange haben die Schüler kaum eine Chance, den Unterrichtsstoff in ihre eigene Welt zu integrieren. Erst wenn man das Singuläre[5] zu einem bestimmten Faktor des Unterrichts macht, kann man eine Verbindung herstellen*

---

[1] Eine Schülerin aus der zu untersuchenden Klasse 7 a

[2] Aus datentechnischen Gründen habe ich jegliche Namen sowie genaue Klassenbezeichnungen anonymisiert, indem ich die Namen geändert habe.

[3] Eine Schülerin aus der zu untersuchenden Klasse 7 a

[4] Zur besseren Lesbarkeit dieser Arbeit verwende ich im Folgenden nur die männliche Form. Jedoch sind stets auch Schülerinnen gemeint.

[5] Erklärung folgt in Kap. 2.1

*zwischen dem, was jeder einzelne Schüler immer schon weiß, kann und will, und dem, was er lernen muss*" (Gallin/ Ruf 1998, 23).
Anhand der Untersuchung verschiedener Lerntagebücher und rückblickenden Aussagen von Schülern wird in dieser Arbeit gezeigt,

- dass die meisten Schüler ein Gefühl dafür haben, was das Wesentliche des Unterrichts ist,
- dass sie lernen können, ihren Lernerfolg selbst besser einzuschätzen und
- dass sie von nun an tragfähige Erinnerungshilfen besitzen und diese nach Belieben immer weiter führen können.

Im Theorieteil (Kap. 2) soll dargestellt werden, welches Bild von Mathematik sich noch oft nicht nur in den Köpfen der Schüler, sondern auch in den Köpfen der Lehrkräfte eingebrannt hat (2.1). Im weiteren Verlauf werde ich zeigen, wie wichtig die individuellen Zugänge zum Mathematiklernen sind. Anschließend werden verschiedene Formen von Lerntagebüchern vorgestellt (2.2), mit deren Hilfe ein individueller Zugang zu Mathematik ermöglicht werden kann. Auf weitere Begriffserklärungen (selbstständiges Lernen; Lernprozess) wird verzichtet, da diese als trivial vorausgesetzt werden können. Abschließend wird Bezug auf den Bildungsplan der integrierten Gesamtschule Sekundarstufe I genommen (2.3).
In Kap. 3 wird zuerst die Lerngruppe beschrieben. Einzelne Schüler werden genauer betrachtet, um einen besseren Überblick über den Kurs zu vermitteln.
Kap. 4 beschreibt anschließend die Durchführung der Methode „Lerntagebücher". Hierbei wird zunächst auf die von mir gesetzten Ziele eingegangen (4.1). Es folgt die Beschreibung von Form und Inhalt des hier verwendeten Lerntagebuchs (4.2), sowie die Beschreibung des durchgeführten Unterrichtsversuchs (4.3).
Kap. 5 beinhaltet die Auswertungen der Lerntagebücher, wobei erst ein allgemeiner Überblick gegeben und anschließend gezielt auf einzelne Lerntagebücher eingegangen wird. Wichtig ist hierbei, dass auch auf die Rückmeldebögen (Feedbackbögen) ausführlich Bezug genommen wird, um so die Ziele und Leitfragen qualitativ besser auswerten zu können. Schließlich gibt das Kap. 6 Aufschluss darüber, wie hilfreich die Lerntagebücher für die Schüler gewesen sind. Es werden die Leitfragen resümiert und ein Ausblick auf die mögliche Weiterarbeit gegeben.

# 2. Zur Theorie des Lerntagebuchs

## 2.1 Das traditionelle Bild von der Schulmathematik

Nach HUßMANN ist eines der zentralen Ziele des Mathematikunterrichts der Aufbau von Fachkompetenz bei den Schülern. Die Lehrperson steht vermittelnd zwischen dem zu behandelnden Stoff und den Schülern. Der traditionelle Unterricht wird allein als Perspektive der *regulären Welt,* also allgemeinen Wissens und Könnens, geplant, durchgeführt und reflektiert. Dazu wird der Stoff sequenziert, vom Leichten zum Schweren durchorganisiert und den Schülern in kleinen Häppchen serviert. Die Schüler wissen also nicht, was als nächstes auf sie zukommt. Neue Problemstellungen erscheinen ihnen unstrukturiert und unüberschaubar. Sie müssen ihre *singuläre Position*, also eine im Privaten verankerte Welt, die sich durch individuelle Erfahrungen, Wünsche und Erwartungen auszeichnet, erst mit der regulären Welt des Inhalts in Beziehung setzen und verknüpfen (vgl. Hußmann 2003a, 76).

Auch MERZIGER zeigt, dass es üblicher Weise im Mathematikunterricht in erster Linie um das Richtig und Falsch geht und die individuellen Sichtweisen der Schüler nicht berücksichtigt werden.

*„Wie in keinem anderen Fach scheint die objektive Seite der Wissenschaft, das gesammelte Fachwissen eine so große Macht gegenüber den subjektiven Vorstellungen, Phantasien und Fähigkeiten der Individuen zu haben wie in der Mathematik"* (Merziger 2006, 26).

Es geht vermutlich vielen Lehrkräften nicht um die Dokumentation des individuellen Prozesses der Annäherung an die Aufgabe zu gehen, sondern viel mehr um eine Aufgabe mit korrektem Rechenweg und deren Lösung. Dieses Bild der Mathematik spiegelt sich in den Schülerheften wieder:

Das „ideale" Schülerheft zeigt i.d.R. ein klinisch reines, aber langweiliges Bild der Mathematik. Mathematik erscheint als ein Fach mit starren Regeln und Definitionen, in dem Leistungen exakt und objektiv gemessen werden können. Dabei betont MERZIGER, dass auch das Lernen von Mathematik auf individuellen Wegen erfolgen sollte (vgl. ebd., 26).

**Aber wie können die individuellen Wege gefördert werden?**

Die TIMS-Studien zeigten deutlich, dass veränderte Unterrichtsmethoden, die Verknüpfungen zwischen mathematischen Gebieten fördern und diese in anderen Zusammenhängen wieder aufgreifen, notwendig sind (vgl. Heske 1999, 8).

*„Ein vielversprechender Ansatz, der die Kriterien eigenaktiv, konstruktiv und kommutativ erfüllt, erscheint [...] – nicht nur im Mathematikunterricht – die sprachliche Verschriftlichung von Lernprozessen und Lernergebnissen zu sein"* (ebd., 8f.).

Des Weiteren muss die reguläre und singuläre Welt als gleichwertig angesehen werden. Um sowohl dem Stoff als auch den Lernenden gerecht zu werden, ist es vor allem wichtig, Stoff und Mensch als äquivalente Partner anzusehen (vgl. Gallin/Ruf 1998, 27). Infolgedessen *„darf zwischen Stoff und Schüler keine Lehrperson mehr stehen. Das Stoffgebiet muss den Lernenden ansprechen. Er muss einen direkten Bezug zu sich selbst feststellen und es eigentätig erkunden"* (Hußmann 2003a, 77). Das Bindeglied ist dementsprechend nicht mehr der Lehrer, sondern es sind die Fragestellungen, welche den Schülern Orientierungs- und Motivationshilfen geben, um *„das neue Gebiet als Ganzes* *wahrzunehmen und sich in ihm zurecht zu finden"* (ebd., 77).[6] Um zu verhindern, dass sich singuläre Vorstellungen der Schüler verfestigen, ist es wichtig, dass *„die Lehrperson hilft, die Sprache der Lernenden Schritt für Schritt mit der regulären Sprache vertraut zu machen, damit die singulären Ideen in der regulären Welt verstanden werden"* (80). *„Die hohe Vergessensrate, das „träge Wissen", das immer beklagt wird, wird [dadurch] enorm vermindert"* (82).

Als erfolgreich kristallisiert sich die Arbeit mit dem Lerntagebuch heraus. Pionierarbeit leisteten auf diesem Gebiet RUF & GALLIN (1999), die so genannte Reisetagebücher entworfen, entwickelt und erprobt haben (vgl. Merziger 2006, 26). Das Lerninstrument ist für die Dokumentation sowie Reflexion des Lernprozesses geeignet und bildet das Hauptkommunikationsmittel zwischen Schüler und Lehrperson. Weitere Autoren haben dies je nach Unterrichtskonzept bzw. Forschungsinteresse angepasst und geändert (vgl. z.B. Heske 1999, 2001, Merziger 2006, Spinath 2007).

## 2.2 Verschiedene Formen

In der Mathematikdidaktik gibt es keine einheitliche Begriffsbestimmung für den Terminus „Lerntagebuch" (vgl. Merziger 2007, 75). Im deutschsprachigen Raum findet man weitere Bezeichnungen wie Journal, Reisetagebuch, Logbuch oder Forschungsheft, die verschiedene Gewichtungen aufweisen, jedoch auf einem Konzept basieren:

> *„Schüler dokumentieren in der eigenen Sprache ihre Lernprozesse"* (Hußmann 2003a, 75).

Die wichtigsten adaptierten Konzepte werden im Folgenden kurz vorgestellt, um zu beschreiben wie unterschiedlich die einzelnen sein können und auf welches ich mich beziehen werde.[7]

### 2.2.1 Reisetagebuch

(aus: Gallin/Ruf 1991 & Hußmann 2003a & Merziger 2007)

GALLIN und RUF (1991) entwickelten zur Verschriftlichung der Lernprozesse das Reisetagebuch, welches somit eine Basis für Rückmeldung an die Schüler ist. *„Das Reisetagebuch ist ein Tagebuch über die individuelle Reise der Schülerin. Alles Erlebte und Gelernte wird in chronologischer Reihenfolge festgehalten"* (Hußmann 2003a, 82) und ist somit ein zentraler Bestandteil des Unterrichts. Es ist das <u>einzige</u> Heft, das die Schüler im Mathematikunterricht nutzen. In dieses Heft notiert der Schüler die Kernideen, *„ihre singulären Nachforschungen, Übungen, Hausaufgaben und Reflektionen"* (ebd., 79). Um diese notieren zu können, ist es besonders wichtig, dass die Schüler sich sehr persönlich mit dem Stoff auseinandersetzen. Vier Aspekte sind dabei zu beachten:

<u>1. Reflektieren:</u> Für den Lernenden liegt hier die zentrale Aufgabe. *„Es genügt nicht, wenn die Schüler einfach mitmachen im Unterricht, sie müssen auch erkennen lernen, was sich im Unterricht abspielt.*

---

[6] Da ich in dieser Untersuchung keine Fragestellungen (nach RUF/GALLIN Kernideen) genutzt habe, werde ich an dieser Stelle nicht weiter darauf eingehen. Dennoch sei es der Vollständigkeit halber erwähnt. Näheres hierzu siehe RUF/GALLIN 1998 bzw. 1999

[7] Näheres zu den einzelnen Varianten findet man u.a. in Merziger 2007; Hußmann 2003a

*Sie müssen also lernen, eine Metaebene zu installieren, von der aus sie das Geschehen im Unterricht und eigene Lernwege beobachten und beurteilen können"* (Gallin/Ruf 1991, 168). Durch die Heterogenität innerhalb der Lerngruppe kann ein einfaches Raster (Datum, Thema, Fragestellung o. Auftrag, Prozess, Ergebnisse) zu jedem Eintrag als Hilfe dienen. (Näheres siehe ebd., 168)

2. Assoziieren: *„Das Assoziieren umfasst alle Gedanken, Ideen, Empfindungen, Wertungen, Fragen, Behauptungen und Urteile, die entstehen, wenn die Schülerin prüft, wie die von der Lehrperson eingebrachten Kernideen auf sie wirken. Die Ausdrucksformen werden vom Lehrer nicht bewertet, sie dienen allein der singulären Standortfindung"* (Hußmann 2003a, 80).

3. Verarbeiten: Der Schüler kann sich nun nach dem Assoziieren dem Stoff neutraler zuwenden. *„Er versucht das, was ihm der Lehrer vorgesetzt hat, in seine eigene Sprache zu übersetzen und so für sich fassbar zu machen. Erst wenn ihm klar ist, worum es eigentlich geht, kann eine sachbezogene Auseinandersetzung mit dem Stoff beginnen"* (Gallin/Ruf 1991, 168).

4. Spuren sichern: Das ist die einzige Bedingung, die an die Schüler gestellt wird, nämlich die Spuren zu sichern, damit sie und die Lehrkraft den Weg nicht aus den Augen verlieren. *„Ziel ist es, dass der Schüler formulieren kann, wo er steht, was ihm klar und was ihm noch nicht klar ist"* (Hußmann 2003a, 80).

### 2.2.2 Das Forschungsheft

(aus: Hußmann 2003a/ 2003b & Merziger 2007)

*„HUßMANN konzipiert in Anlehnung an RUF und GALLIN die Arbeit mit so genannten Forschungsheften einer Sekundarstufe II"* (Merziger 2007, 85). Das jeweilige Thema ist vorgegeben und Ziel ist es, *„den Schülern ein Themengebiet als Ganzes erschließbar zu machen"* (Hußmann 2003a, 82).

Das Forschungsheft *„enthält von den Schüler(inne)n selbst entwickelte und in eigenen Worten formulierte Definitionen, Sätze und Beweise. Es soll bei Wiederholungen, beim Nacharbeiten sowie bei der Klausur- und Abiturvorbereitung helfen"* (Merziger 2007, 86). *„Im sogenannten Forschungsheft [...] ist nicht mehr die Dokumentation und Reflektion des ganzen Weges Zweck des Lerntagebuchs, sondern die strukturierte Darstellung der Ankerpunkte des Lernprozesses"* (Hußmann 2003a, 83). Beispiele für Ankerpunkte sind: AHA-Erlebnisse; typische Beispiele; Wissenslücken; typische Fehler; offene Aufgaben; Definitionen, Sätze und Beweise (vgl. ebd., 83).

Folgende fünf Aspekte bieten nach HUßMANN wichtige Kriterien für ein gutes Forschungsheft. Es sollte erstens übersichtlich und verständlich sein, zweitens vollständig, drittens in der Lösungsfindung Elemente wie Kreativität enthalten, viertens in der Argumentation schlüssig sein und fünftens Fehler reflektieren (vgl. ebd., 90).

Anstatt einen notenfreien Raum einzurichten, schlägt WINTER vor, die Schüler zu motivieren, indem man sich ihnen zuwendet und ihnen klar macht, dass es i.d.R. Spaß macht, zu reflektieren und mehr Klarheit über das eigene Lernen und seine Bedingungen zu erhalten. Allerdings führt er als

Schwierigkeit an, dass es Schüler *„lange gewohnt waren, fremdgesteuert zu lernen und noch nicht erfahren konnten, dass ihnen die Reflexion ihrer Arbeit nutzen kann"* (2007, 115). Dieses Problem würde ich auch in meinen Mathematikkurs (siehe Kap. 3) erwarten.

Das Forschungsheft ersetzt weitestgehend das Schulbuch, da es ein Produkt ist, *„das – gut strukturiert, vollständig und klar in der Darstellung – von Schüler(inne)n als Nachschlagewerk und zur Prüfungsvorbereitung genutzt werden kann"* (Merziger 2007, 86).

Die Strukturierung der Einträge in Thema, Fragestellung/Problem, Erste Überlegungen, Tatsächliches Vorgehen, Verallgemeinerungen und Anmerkungen hebt, anders als im Reisetagebuch, die Gelenkstellen als wesentlich hervor. Diese Übersichtlichkeit wird von den Schülern als positiv hervorgehoben, dennoch stellt sie eine zusätzliche Anforderung zur Unterscheidung von Wesentlichem und Unwesentlichem dar. Um die Klarheit nicht durch Lehrerkommentare zu verwischen, schlägt HUßMANN vor eine Kladde zu verwenden. Die Lehrperson könnte auf dieser korrigieren und die Schüler hätten so nach dem Abschreiben ins Logbuch eine bessere Übersichtlichkeit (vgl. 2003a, 85f.).

### 2.2.3 Logbuch (teambezogenes Lerntagebuch)

(aus: Heske 1999 & 2001;Merziger 2007; Hußmann 2003a)

HESKES Konzept unterscheidet sich von den beiden vorigen, da nicht mehr jeder einzelne Schüler ein Lerntagebuch besitzt, sondern eine Gruppe, die aus 4-6 Schülern besteht. Es *„wird zu den üblichen Schul- und Wochenplan- bzw. Hausaufgabenheften geführt"* (1999, 9). Abwechselnd trägt jeder aus dem Team den Kern der Stunde möglichst mit eigenen Worten ins Logbuch ein. Dies soll möglichst mit eigenen Worten geschehen und mit Datum und Namen versehen sein. Als Leitmotiv dient hier „Heute haben wir gelernt ..." Des Weiteren *„werden Arbeitsergebnisse und offene Fragen protokolliert. [...] Obwohl immer nur ein Teammitglied schreibt, ist stets das gesamte Team für die Eintragung verantwortlich. Absprachen sind ausdrücklich erwünscht. Dies führt zu einer Kommunikation über Mathematik im Team"* (2001, 15).

Die Tagebucheintragungen, die oftmals Beispiele, Merksätze und andere Inhalte, die von der Tafel übernommen wurden, enthalten, sind i.d.R. wesentlich sorgfältiger geführt, als entsprechende Notationen im eigenen Heft. Die Lerntagebücher werden in regelmäßigen Abständen eingesammelt und von der Lehrkraft mit Kommentaren und Hinweisen versehen. Etwaige Missverständnisse sind dadurch aufzuklären, außerdem können die Einträge in die Note einfließen. *„Auf Wunsch der Schülerinnen und Schüler erhalten sie zu jedem Quartal eine Note für das Lerntagebuchschreiben, die in die sonstige Mitarbeit einfließt"* (ebd., 15).

### 2.2.4 Mathejournal

(aus: Merziger 2006 & 2007)

Das Mathejournal ist eine Variante des Lerntagebuchs, die MERZIGER entwickelte und in einem Mathematikkurs der Jahrgangsstufe 12 erprobte. Die Schüler erhielten zu Beginn ein Info-Merkblatt (siehe 2006, 29 oder 2007, 97f.), das das Konzept dieses Lerninstruments verdeutlichte und somit den Schülern den „roten Faden", der auf eine Orientierungsleistung und Strukturierungshilfe hindeutet, aufzeigte. Das Mathejournal ist eine Ergänzung zu den üblichen Mitschriften. Die Schüler mussten in der Probephase zunächst nach jeder Mathematikstunde in ihr Lernjournal schreiben. Des Weiteren musste zu jeder Stunde jeweils ein Schüler den eigenen Eintrag vorlesen. Nach der Probephase wurde beides auf Wunsch der Schüler auf einmal je Woche reduziert und war nunmehr auf freiwilliger Basis. Drei Punkte waren für die Eintragungen vorgegeben:

*„1. Das habe ich verstanden,*

*2. Fragen,*

*3. Offene Kategorie"* (2007, 97)

Insbesondere der erste Punkt sollte das fachbezogene Selbstbewusstsein der Schüler vergrößern, weiterhin gibt die Selbstvergewisserung Auskunft darüber, *„was sie verstanden haben und womit sie Schwierigkeiten haben, zum anderen sollen die Eintragungen der Lehrerin Aufschlüsse über das Verständnis und die Defizite einzelner Schüler(innen) geben"* (ebd., 98).

Folgende Funktionen dieses Lerntagebuchs möchte ich stichwortartig beschreiben, da sie sich in meinem adaptierten Konzept wiederfinden lassen. (aus: 2006, 27f.)

**1.** Reflexion des individuellen Wissenstandes

- punktuelle Reflexion ihres Wissenstandes/ Könnens in Bezug auf die aktuell behandelten Inhalte
- selbstständig Eintragungen vornehmen, um die Formulierung von zentralen Inhalten zu üben

**2.** Identifizierung von individuellen Wissenslücken

- das Bemerken vom Verstandenen bzw. Nichtverstandenen durch das Formulieren von eigenen Rechenprozeduren und Definitionen
  - ➢ Lehrkraft unterstützt hierbei mit Rückmeldungen durch Korrektur

**3.** Optimierung des individuellen Lernverhaltens

- Kontrolle und ggf. Optimierung des eigenen Lernverhaltens durch das Lernjournal
  - ➢ Sehr wichtig: regelmäßige Eintragungen sind zunächst verpflichtend. Nur so werden im Unterricht behandelten Inhalte nachbereitet (näheres siehe Kap. 4.1)

**4.** Individuelle Strukturierung von Inhalten

- Strukturierung von behandelten Inhalten und Wissensbeständen im Unterricht; Dazu wird im Unterricht chronologisch, strukturiert und fehlerfrei mitgeschrieben
  - ➢ so wird eine Übersicht geschaffen, eine Gliederung der neuen Inhalte und Neuordnung des Wissens vom erreichten Stand aus

**5.** Individuelle Erinnerungshilfe

- Zusammenfassende Eintragungen sorgen für gute Anschlussmöglichkeiten an die vorangegangen Stunden. Je individueller die Eintragungen vorgenommen werden, desto besser gelingt ein Erinnern und damit der Anschluss an neue Inhalte.

**6.** Optimierung der individuellen Leistung

- 2 freiwillige Möglichkeiten: 1. vor der Klausur korrigieren lassen
  2. Vorlesen der zusammengefassten Stunden im Unterricht

**7.** Unterstützung individueller Aneignungs- und Verstehensprozesse

- Aktive Auseinandersetzung mit Inhalten, Übersetzung derer in eigene Worte sowie das Aufbrechen beispielsweise einzelner komplexer Aufgaben, indem die Rechenschritte einzeln beschrieben und in ihrer jeweiligen Funktion begründet werden

Nach MERZIGER beziehen sich die sieben Aspekte im Wesentlichen auf drei Kernkategorien: das Lernverhalten (aktive Selbstüberwachung), Leistung (mündliche u. schriftliche Mitarbeit, s.o.) und Verständnis (behandelte Inhalte selbst zusammenfassen) (vgl. 2006, 28).
*„Es ist festzuhalten, dass die befragten Schüler(innen) jeweils unterschiedliche Ziele und Zwecke mit ihrem Mathejournal verfolgen. Es gibt Schüler(innen), die das Instrument für alle drei genannten Bereiche nutzen, solche, die einen Bereich ausklammern, und solche, die einen Bereich für sich besonders stark machen"* (ebd., 29). Es ist nicht zu verachten, dass es beim Mathejournal in erster Linie nicht darum geht, *„die Schüler(innen) zum Schreiben zu bringen, um so die Aufnahme von und die Auseinandersetzung mit mathematischen Inhalten zu fördern; vielmehr ist die Organisation, Wiederholung und Aufbereitung der Inhalte ein starkes Moment: Das Mathejournal soll zur Vorbereitung auf das Abitur gezielt herangezogen"* (2007, 98), d.h. als Erinnerungshilfe genutzt werden können.

Zusammenfassend möchte ich mit LEUDERS festhalten, dass trotz der Unterschiede alle Methoden etwas gemeinsam haben: Es geht darum *„dem Lernenden ein Medium zu geben, in dem er die Prozesse seines individuellen Verstehens (oder auch nicht Verstehens) von Mathematik für sich selbst und ggf. auch für den Lehrenden festhalten kann. Es ist ein Instrument „lauten Denkens", das nur dann funktioniert, wenn der Lerntagebuch führende Schüler nicht befürchten muss, dass seine Notizen zur Grundlage einer Bewertung gemacht werden"* (2003, 314).

## 2.3 Legitimation durch institutionelle Vorgaben

Die zusätzlichen Anforderungen, dass die Schüler *„im Laufe der Schulzeit ihren eigenen Lernprozess zunehmend selbstständiger"* (FHH 2007, 43) organisieren müssen und dass die Schüler die Fähigkeit erwerben müssen, Hilfsmittel einzusetzen und zu gebrauchen, werden durch das Lerntagebuchschreiben abgedeckt. *„Die Schule beachtet [nämlich] informelle [genannt auch eigenverantwortliche (siehe FHH 2003a, 10)] Lernprozesse und bezieht die Ergebnisse informellen Lernens angemessen in den Unterricht und das Schulleben ein und würdigt die Selbstorganisation und Eigenverantwortung der Schülerinnen und Schüler im außerschulischen Bereich. Die Schülerinnen und Schüler erfahren Wertschätzung und Anerkennung für ihr soziales Engagement und werden darin unterstützt, ihre Aktivitäten auch als Lernleistung auszuwerten. Die Lehrerinnen und Lehrer begleiten* *und unterstützen die Schülerinnen und Schüler dabei, erworbene Kompetenzen zu beschreiben, ihr Können zu reflektieren und einzuordnen und individuell selbst einzuschätzen. Sie unterstützen und fördern das individualisierte Lernen durch Angebote von Lerntagebücher und Portfolios"* (FHH 2003b, 33).

Nach dem RAHMENPLAN MATHEMATIK ermöglicht der individualisierte Mathematikunterricht den Schülern einen handelnden Umgang mit mathematischen Gegenständen. Er fördert die Bereitschaft der Schüler beim Denken eigene Wege zu gehen, selbst Fragen zu stellen und ihren Lernprozess zu reflektieren, um so ihre Lernfortschritte vor dem Hintergrund der im Unterricht angestrebten Ziele richtig einzuschätzen. Im individualisierten Mathematikunterricht sind Fehler produktive Bestandteile des Lernens. Aus Fehlern zu lernen setzt voraus, dass Fehler im Mathematikunterricht ausdrücklich erlaubt sind und dass Schülern Gelegenheit zum Nachdenken über Fehler gegeben und ihre Korrektur ermöglicht wird (vgl. 2007, 8ff). Aus diesem Grund lasse ich auch jede Woche die Schüler, die möchten, aus ihren Lerntagebüchern im Sitzkreis vorlesen.
Für Lehrkräfte kann das Lerntagebuch ein wichtiger Hinweis auf die Effektivität ihres Unterrichts sein. Es ermöglicht ihnen, den nachfolgenden Mathematikunterricht differenziert so vorzubereiten und zu gestalten, dass alle Schüler individuell gefördert und zu gefordert werden. Eltern erhalten durch das Lerntagebuch Informationen über den Leistungsstand und die Lernentwicklung ihrer Kinder (vgl. ebd., 48).
Auch im neuen Rahmenkonzept taucht die Methode „Lerntagebuch" wieder auf (siehe Behörde für Schule und Berufsbildung 02.2009, 6).

## 3. Die Ausgangslage

Seit Beginn des 2. Halbjahres (01.02.2008) unterrichte ich einen Teil einer 6. Klasse (jetzt 7. Klasse) an einer Hamburger Gesamtschule. Es ist II-Kurs, welcher aus 9 Mädchen und 7 Jungen besteht. Die meisten Schüler kommen aus Familien mit Migrationshintergrund und haben folglich sprachliche Ausdrucksprobleme. Sie sind jedoch stets bemüht, Verfahren darzustellen und zu erklären oder ihre Arbeitsergebnisse zu präsentieren. Ferner haben die Schüler noch große Schwierigkeiten die Fachsprache richtig anzuwenden. Oft fallen sie in ihre Alltagssprache zurück. Beispiel: *„Das müssen wir plus nehmen!"* (Alexa)

Das Arbeits- und das Sozialverhalten der meisten Schüler sind gut. Sie schätzen und genießen ihnen bekannte kooperative Arbeitsformen. Ausnahmen sind hier Mehmet und Patrick. Mehmet, der Ende des Schuljahres 07/08 in die Klasse 7a querversetzt wurde, kann sich nicht in Gruppen einfügen und muss in fast jeder Stunde im Mittelpunkt stehen. Dies gelingt ihm, indem er beispielsweise Schüler stört oder mich nachmacht. Patrick hingegen, der zu Hause hauptsächlich Computer zu spielt – was ich in einem persönlichen Gespräch mit ihm und aus Gesprächen mit der Mutter erfuhr – zieht sich aus jeglicher kooperativer Arbeitsform heraus. Ich nehme an, dass er seine Erfolgserlebnisse aus der virtuellen Welt der Computerspiele bekommt und ihm selbst nur knapp ausreichende schulische Leistungen genügen. So kommt es beispielsweise vor, dass einen Test abbricht, wenn er erwartet, dass seine erbrachte Leistung mit ausreichend bewertet werden kann. Er ist sehr still und trägt kaum etwas zum Unterricht bei.

Zum Teil sind die Schüler noch sehr kindlich, dies zeigt sich darin, dass sie immer darauf aus sind, Spiele zu spielen. Anderseits sind ihnen viele Kleinigkeiten wie z.B. von der Mutter das Pausenbrot gebracht zu bekommen, aufgrund der beginnenden Pubertät sehr „peinlich".

May ist eine Schülerin, die vor 3 Jahren aus Bolivien gekommen ist und kaum Deutsch spricht und versteht. Sie gibt sich jedoch größte Mühe mitzukommen, es gelingt ihr, sich die meisten mathematischen Regeln anhand der Beispiele zu erklären.

Alexa ist eine stille Schülerin gewesen, die häufig meine Nähe sucht. Sie hat mir kurz vor den Sommerferien anvertraut, dass sie sich „ritzt". Nach längeren Gesprächen – auch mit der Klassenlehrerin – geht sie nun zur Therapie. Durch unser Vertrauensverhältnis ist Alexa „aufgetaut" und ist wesentlich aktiver im Unterricht geworden.

Lisa und Embre sind zwei sehr stille Schüler, die im Fach Mathematik sehr schwach sind und sich aus Angst vor Fehlern im Unterricht kaum etwas zu sagen trauen.

Um der Vielfältigkeit der Schülerpersönlichkeiten gerecht zu werden, wurden verschiedene Regeln für den Mathematikunterricht eingeführt. Insbesondere um Ängste abzubauen und Selbstvertrauen aufzubauen, ist mir die Regel, dass „niemand ausgelacht wird und dass man den anderen respektvoll behandelt" äußerst wichtig. Das konsequente Einhalten dieser Regel hat dazu geführt, dass sich die meisten Schüler gegenseitig respektieren und helfen. Des Weiteren scheinen Aussagen wie „Fragt nach, wenn ihr etwas nicht verstanden habt!" bzw. „Fehler machen ist gut, aus Fehlern lernt man!" ‚Früchte zu tragen' (vgl. Kap. 2.3), da sie mehr als zu Beginn nachfragen. Trotz des gegenseitigen Helfens und Respektierens ist das Selbstbewusstsein der Schüler stark beeinträchtigt. Die meisten Schüler fragen dann nur nach, wenn sie sich sicher sind, dass es keine zu „blöde bzw. einfache" Frage ist. Ein Grund dafür könnte sein, dass die Schüler durch Aussagen anderer wie beispielsweise: *„Im II-Kurs sind immer nur Hohlköpfe!"*[8] ein geringes Vertrauen zu ihrem eigenen Können haben.

Vor Einführung der Lerntagebücher erschien mir besonders die Unselbstständigkeit der Schüler sehr veränderungsbedürftig. Sie schrieben lediglich das ab, was ich ansagte. Ich konnte also nur erahnen, was die Schüler für wesentlich im Unterricht empfanden. Ferner lernten sie auch nur das, was ich angab. Zu Beginn meiner Unterrichtzeit ging ich sehr kleinschrittig vor, unterband teilweise dadurch die Selbstständigkeit und vernachlässigte die Differenzierung für Leistungsstärkere. Ich musste etwas ändern und entschied mich zunächst dafür, freiwillige Zusatzhausaufgaben aufzugeben, mit dem

---

[8] Kim aus einer 9. Klasse

Hintergrund, die Schüler selber entscheiden zu lassen, ob sie mehr lernen bzw. üben wollen. Diese Zusatzhausaufgaben wurden von mir als Extraleistung mit in die Note einbezogen. Überraschenderweise nahmen viele Schüler es dankend an. Jedoch verbesserte sich ihre Selbstständigkeit dadurch nur im geringen Maße. Ich wollte sie dazu bringen, für sich Wesentliches selbstständig zu notieren, was mir nur gelingen konnte, wenn die Schüler ein individuelles Heft Stück für Stück selbst entwerfen konnten.

Im Folgenden möchte ich mögliche Gründe für die Unselbstständigkeit der Schüler nennen. Die Unselbstständigkeit der Schüler kann zum Teil daraus resultieren, dass sie nur mich, die Lehrkraft, quasi als „Nachschlagewerk" zur Verfügung hatten. Die Familien, aus denen sie kommen, haben oft keine Nachschlagewerke oder gar einen PC mit Internetzugang[9] und wenn die Familie einen solchen hätte, wäre es fraglich, ob der Schüler die nötigen Kompetenzen besitzt, um gezielt im Netz zu recherchieren. Gewiss haben die Schüler ihre aktuellen Mathematikbücher, die sie jedoch am Ende des Schuljahres wieder abgeben müssen. Zwar können sie den aktuellen Stoff im Buch wiederfinden, weitere zurückliegende Themen sind dagegen nur schwer nachzuschlagen. Das Rechenheft ist ihnen dabei leider auch keine Hilfe (Näheres s.u.).

Des Weiteren besitzen die Schüler zwei Hefte, ein Rechenheft, in das alles hineingeschrieben wird, wie z.B. Aufgaben, Nebenrechnungen, Merksätze und ein Arbeitsheft, in das die Arbeiten bzw. Tests hinein geschrieben bzw. geklebt werden. Jedoch schätzen die meisten Schüler ihre Hefte nicht, was ich zum einen an der eingangs zitierten Aussage von Özgür (siehe Kap. 1) (von anderen Schülern dieses Kurses habe ich ähnliche Aussagen gehört) und zum anderen allgemein an der Heftführung der Schüler fest mache. Die Arbeitshefte sind zum Teil beschmiert, sehr unordentlich oder gar kaum geführt. Schlussfolgernd ziehe ich hieraus die Erkenntnis, dass die Hefte von den Schülern als nicht nützlich empfunden werden.

Davon ausgehend schien mir gerade diese Lerngruppe zur Einführung des Lerntagebuchs richtig zu sein. Die Schüler lernen sich dadurch selbst zu reflektieren. Des Weiteren werden sie ein Heft besitzen, welches individuell ist und ihnen als Erinnerungshilfe dienen könnte. Folglich könnten die Schüler dieses Heft als wichtiger empfinden, es sorgfältig und sauber führen und als Nachschlagewerk behalten wollen.

---

[9] Natürlich sind an der Schule eine Bibliothek und einen Computerraum vorhanden, welche die Schüler nutzen können. Es ist jedoch fraglich, ob die Schüler, um etwas nachzuschlagen, extra dorthin gehen.

# 4. Durchführung

## 4.1 Ziele des Unterrichts durch die Methode Lerntagebücher

Die Einführung bzw. Eingewöhnung des Lerntagebuchs erfolgte in zwei Wochen während des Themas „Volumen und Oberfläche eines Quaders / Würfels“. Während des gesamten Themas „rationale Zahlen“, das acht Wochen behandelt wurde, war die Führung des Lerntagebuchs Pflicht. Es ist äußerst wichtig, dass sich die Schüler über einen längeren Zeitraum mit dem Lerntagebuch beschäftigen, um *„das Instrument für sich anzuwenden und seine Funktionen zu testen“* (Merziger 2006, 29). Nur so kann gewährleistet werden, dass die Schüler auch nach dem Pflichtführen des Lerntagebuchs dieses freiwillig weiterführen, was für die nächste Einheit „Zuordnungen“ vorgesehen war. Durch die Heterogenität der Schülerschaft wird es Befürworter und Gegner des Lerninstruments geben. Um beiden gerecht zu werden, folgt die Konsequenz der Freiwilligkeit der Lerntagebuchführung (s.o.) (vgl. Heske 2001, 15f.).

Mein **Ziel** ist es, die Schüler dazu zu bringen,

- dass sie den Nutzen eines Lerntagebuchs erkennen,
- dass sie es sorgfältig führen,
- dass sie es als Reflexion des eigenen Lernweges,
- sowie als Erinnerungshilfe nutzen,
- dass sie sensibilisiert werden, das für sie Wesentliche des Unterrichts zu notieren.

Durch die schriftlichen Einträge der Schüler in ihrem Lerntagebuch erhoffe ich mir weiterhin, die Schüler in Bezug auf ihre Fähigkeiten besser einschätzen und dadurch individuell fördern zu können.

Anhand folgender Indikatoren werde ich in Kap. 5 überprüfen können, in wie weit meine Ziele erreicht wurden: Lerntagebucheintragungen von einzelnen Schülern (A 5/ 7/ 9/ 11) und Feedbackbögen bezogen auf einzelne Schüler (A 6/ 8/ 10/ 12) sowie auf alle (A 4).

## 4.2 Form und Inhalt des hier verwendeten Lerntagebuchs

Für die Durchführung des Unterrichtsversuchs wurde das bereits beschriebene Unterrichtskonzept „Mathejournal“ von MERZIGER (Kap. 2.2.4) adaptiert und modifiziert.

### Konzeption

Die Eintragungen in die Lerntagebücher beziehen sich auf drei Aspekte:

> *„erstens darauf, was die Schülerinnen und Schüler verstanden haben,*
> *zweitens, welche Schwierigkeiten sie haben, und*
> *drittens, was für sie besonders wichtig ist“* (Merziger 2006, 26).

Die Beschränkung auf diese Aspekte ermöglicht es, die Lerntagebücher in einem angemessenen Zeitrahmen auszuwerten. Die Schüler dürfen sich jedoch weitere beliebige Aspekte hinzu notieren, da ich ihren individuellen Lernprozess fördern möchte. Die Eintragungen in das Lerntagebuch werden von den Schülern 1x pro Woche vorgenommen, um sie nicht zu demotivieren und zu überfordern. An den üblichen Unterrichtsmitschriften und Hausaufgaben wird wie gewohnt weiter gearbeitet. Die Lerntagebucheintragungen sind verpflichtend und werden von mir in regelmäßigen Abständen kontrolliert, kommentiert und benotet. *„Das regelmäßige Einsammeln und Kommentieren der Lerntagebücher durch […] [mich] ist sicherlich zeitaufwändig, kann jedoch interessante Einblicke in Schülervorstellungen, typische Fehlkonzepte u.Ä. geben, die im Unterricht aufgegriffen werden können"* (Merziger 2006, 29). Bei der Kontrolle bewerte ich nicht das Inhaltliche, sondern achte auf die äußere Form, wie z.B. Übersichtlichkeit, Vollständigkeit und kontinuierliche Eintragungen. Mathematische Inhalte werde ich jedoch korrigieren, um die Fachsprache der Kinder zu verbessern. *„Zur Unterstützung einer schülerorientierten Fortführung des Lernprozesses geben die Lehrerinnen und Lehrer eine zeitnahe und kommentierende Rückmeldung zu schriftlichen Arbeiten"* (FHH 2007, 49), wie hier z.B. das Lerntagebuch, denn die *„präzise sprachliche Darstellung hat für den mathematischen Lernprozess grundlegende Bedeutung"* (ebd., 9). Bei der Rückmeldung habe ich zusätzlich zu den Noten Symbole (siehe Abb. 1) eingeführt, um die Schüler künftig zu motivieren, sich noch mehr zu bemühen. Des Weiteren erhalte ich durch das Einsammeln der Lerntagebücher interessante Einblicke in deren Vorstellungen (siehe Kap. 2.2.4). Dass die Lerntagebucheintragungen in dieser Weise bewertet werden, ist wichtig um die Schüler an dieses Instrument zu gewöhnen (freiwillig würde sich wohl fast kaum einer damit beschäftigen). Ich achte bei einigen Schülern auch darauf, dass ihre Eintragungen nicht zu kurz respektive flüchtig sind, da ich sie anhalten möchte, sich intensiv mit dem Lerntagebuch auseinander zu setzen.
Ferner soll durch das Deckblatt (Motive: Schimpanse, Katze, Tigerbaby), der für die Schüler gekauften Lerntagebücher (DinA5-Hefte), eine weitere Motivation entstehen, in das Lerntagebuch regelmäßig hineinzuschreiben. Ich habe die DinA5-Hefte gekauft, um eine gewisse Homogenität zu erhalten, das heißt sowohl eine einheitliche Form, als auch eine zeitgleiche Verfügbarkeit.

## 4.3 Untersuchung der Arbeit mit dem Lerntagebuch

Die Einführung des Lerntagebuchs erfolgte am 1. September 2008 mit Hilfe eines Infoblatts (vgl. A 1) und dem Austeilen der DinA5 Hefte. Das Infoblatt wurde gemeinsam gelesen. Nach jedem Absatz wurden Fragen geklärt. Anschließend gab ich bewusst den Schülern nur ein mündliches Beispiel von einem Lerntagebucheintrag, da sie sich selbst entdecken und sich nicht an meiner Vorlage orientieren sollten. Kurz gesagt: Sie sollten ihren eigenen Stil finden. Wie sich heraus stellte, war es für die Kinder schwierig zu verstehen, was sie z.B. beim Smiley hinschreiben sollten. Darum gab ich ein

weiteres mündliches Beispiel. Durch die vielen Nachfragen bemerkte ich, dass das Infoblatt für einen II-Kurs zu viel ‚Text' beinhaltet. Infolgedessen wurden die alle Fragen ausführlich besprochen.
Die Schüler standen dem Lerntagebuch zunächst eher skeptisch gegenüber, nach ausführlicher Begründung jedoch nahmen sie das Lerntagebuch an. Überdies fanden sie es sehr gut, dass sie selbst wählen durften, welches Symbol bei welcher Note gestempelt werden sollte. Auf Folgendes wurde sich durch das Mehrheitsverfahren geeinigt:

Abb. 1: Symbole für Noten

Außerdem freuten sich die Schüler über die Motive der Lerntagebücher.
Eine Woche später folgte die Vorstellung der ersten Einträge. Die Ausbeute war erschütternd, acht Schüler hatten keine Eintragung gemacht. Folgende Gründe wurden genannt:

- *„Ich habe das nicht gemacht, weil ich's nicht brauche."* (Lukas)
- *„Ich wusste nicht, was ich hinein schreiben sollte."* (mehrere Schüler)
- *„Ich habe es vergessen!"* (Alexa)

Anschließend ließ ich die Schüler, die wollten, ihre Einträge vorlesen. Lediglich zwei ‚trauten' sich. Nachdem ich die Schüler durch die Aussage, dass alles was in ihrem Lerntagbuch steht richtig sei, ermutigt hatte, meldeten sich drei weitere. Als die fünf Schüler ihre Einträge vorgelesen hatten, meinten die meisten Schüler, die vorher nicht wussten, was sie hineinschreiben sollten: „Jetzt weiß ich es!"
In der Woche darauf hatten schon zwölf Schüler einen Eintrag in ihr Lerntagebuch gemacht. Jedoch waren die Beiträge zum ☺ sehr kurz und unpräzise (vgl. z.B. A 9: I). Ich suchte nach einer Lösung des Problems und fand für die nächsten Wochen geeignete Hilfsfragen:

*„1) Was habe ich verstanden? und*
*2) Wie habe ich es verstanden?"* (Hellmer 2007, 15),

die sie auf die Innenseite ihres Lerntagebuchs notieren sollten. Die Hilfsfragen führte ich am 22. September ein. In dieser Woche waren 15 Einträge vorhanden. In der Woche darauf sammelte ich die Lerntagebücher ein, benotet sie und schrieb ausführliche Kommentare hinzu. Pro fehlendem Eintrag wurde eine Note abgezogen und mit der Ordentlichkeits- und Sauberkeitsnote verrechnet. Seit diesem Zeitpunkt machten fast immer mind. 75 % der Schüler ihre Eintragungen ins Lerntagebuch. Ohne einen geringen Leistungszwang würden sich anscheinend die wenigsten Schüler Mühe geben (vgl. Kap. 4.2 + 2.2.4).

Beim Kontrollieren bemerkte ich wie groß die sprachlichen Probleme der Schüler sind, zu beschreiben, was und wie sie es gelernt haben. Des Weiteren fiel es den Schülern teilweise noch schwer, das Wichtige dieser Woche zu notieren. Im folgenden Kapitel werde ich diese beiden Aspekte beispielhaft an vier Schülern beschreiben. (siehe Kap. 5).
Ferner schrieben die Schüler Kommentare wie *„Ich habe alles verstanden!"* (Özgür), um sich nicht mit Details auseinander setzen zu müssen. Was auch immer häufiger vorkam, war, dass die Schüler Nachrichten an mich schrieben. Ich wollte dies weder unterdrücken, noch besonders würdigen. Meine Lösung war die Einführung eines beliebigen Symbols (vgl. z.B. Aylin A 9: V). Die Schüler durften sich ihre Extra-Notizen eigene Symbole aussuchen und beliebige Notizen in ihr Lerntagebuch schreiben. Ich verwies lediglich darauf, dass wie bisher der ☺ Eintrag Pflicht sei. Viele Schüler nahmen diese Erweiterung mit Freude an. Ich sammelte in der Woche darauf die Lerntagebücher wieder ein, um zu überprüfen, in wie weit sich die Eintragen verbessert hatten. Des Weiteren wollte ich sehen, in welchem Umfang die Schüler das Extra-Symbol einsetzten. Zu meinem Erstaunen nutzen es tatsächlich mehrere Schüler. Sie teilten mir beispielsweise mit: *„Viele kinder stören (mich) nicht nur Mehmet, ich will ihn nicht ihn schutz nehmen, aber es sind auch andere."* (Aylin, A 9: V)
Ich fand beim Kontrollieren heraus, dass sich nur die wenigsten intensiv mit meinen schriftlichen Kommentaren auseinandergesetzt hatten und überlegte, wie ich eine intensivere Auseinandersetzung erreichen könnte. Ich entschied mich, nicht nur schriftliche Kommentare, sondern auch ein kurzes mündliches Feedback zu jedem Lerntagebuch zu geben. Des Weiteren sagte ich beim Wiederausteilen den Schülern, dass ich beim nächsten Mal nicht mehr nur die Ordnung und Sauberkeit bewerte, sondern auch den Lernfortschritt. Die sprachlichen Kompetenzen werden, wie schon zuvor nicht bewertet, da dies den angestrebten Zielen (siehe Kap. 4.1) entgegen laufen würde (vgl. Hußmann 2003a, 90). Der letzte Punkt ist mir wichtig, da ich denke, dass die Schüler sich durch das Einfließen der Lernfortschrittnote intensiver mit meinen Kommentaren und der mündlichen Besprechung auseinander setzen. Die Gespräche mit den Schülern verliefen sehr positiv. Mit einigen arbeitete ich an Beispielen, wie sie ihre Einträge genauer beschreiben könnten. Mit anderen sprach ich über die Verwendung des Lerntagbuchs. Es gab aber auch Schüler, die sich mit dem Schreiben so schwer taten, dass ich ihnen erlaubte, bekannte Beispiele zu wählen und diese dann als ihren Merksatz zu notieren. In der Tat verbesserte sich im Laufe eines halben Jahres über die Hälfte der Schüler.

Die Fragen, die die Schüler im Lerntagebuch notiert hatten, wurden jeden Montag von ihnen vorgetragen und gemeinsam beantwortet. Als förderliches Beispiel dient Alexas Frage (A 5: I):

*„Warum kann man nicht alle Zahlen, die zwischen +3 und -5 liegen aufschreiben"?*

Die Antwort auf die Frage ist für die Schüler ein AHA-Erlebnis gewesen. Sie verstanden, dass man Zahlen mit unendlichen vielen Nachkommastellen finden konnte. Anhand der Fragen bemerkte ich, dass die Schüler allmählich sich mit bestimmten Themen intensiver auseinandersetzen wollten. Anfangs stellten sie Fragen, bei denen kein wirkliches Interesse dahinter stand oder die zu ungenau waren, wie z.B. „Ich verstehe das Thema nicht". Teilweise hatte ich beim Kontrollieren der Lerntagebücher Teilantworten vorweggegeben bzw. diese nach dem gemeinsamen Besprechen in die Hefte notiert (vgl. z.B. A 6: I). Ob das förderlich gewesen ist, sei in Frage gestellt. Auf diesen Punkt werde ich in Kap. 6 zurück kommen.

Die „!" wurden von vielen Schülern genutzt. Die meisten notierten für sich Selbstdisziplinierungsmaßnahmen, wie z.B. *„Mich nicht ablenken lassen"* (Lazar, A6: II), eine Art ‚Erinnerungshilfe' wie z.B. *„Für die Arbeit üben"* (Alexa, A 5: V) Gebiete, die die Schüler noch automatisieren müssen, wie z.B. *„Die Textaufgaben mehr üben"* (Alexa, A 5: II), oder aber Tipps (vgl. A 7: I).

Ich habe stichwortartig notiert, was jeweils in jeder Woche das Wesentliche nach meiner Einschätzung im Unterricht zum Thema „Wie wir wohnen"[10] und „Rationale Zahlen" gewesen ist (A 2). Es ist mir bewusst, dass nicht jeder einzelne Punkt von den Schülern notiert wird, denn nicht jeder empfindet dasselbe als wesentlich.

Zum Ende des Jahres sagte ich den Schülern, dass sie ab jetzt das Lerntagebuch freiwillig führen könnten und es keine Pflicht mehr sei. Lehrerrückmeldungen sowie Benotungen erfolgten nun auf Wunsch der Schüler. Ich ließ sie anschließend einen Rückmeldebogen (siehe A 3) ausfüllen, wobei ich betonte, dass dieser absolut nicht mit in die Note einfließt, dass ich ihn nur für mein Feedback brauche und dass sie ehrlich sein sollen (näheres hierzu siehe Kap. 5.2).

# 5. Auswertung

Wie schon in Kap. 4 angerissen, führten dreizehn Schüler ihr Lerntagbuch ernsthaft, indem sie regelmäßig, ordentlich und sauber hineinschrieben. Mehmet führte sein Lerntagebuch sehr nachlässig, seine Einträge waren sporadisch und unproduktiv. Meines Erachten führte er es nur, um im Bereich Lerntagebuch keine ungenügende Benotung zu bekommen. Patrick führte sein Lerntagebuch gar nicht, ihm sind wie schon in Kap. 3 beschrieben Noten egal. Sebastian führte sein Heft unregelmäßig, was das Betrachten seines Fortschritts unmöglich machte. Der größte Teil der Schüler nutzte die von mir vorgegebene Struktur. Während die Einträge zunächst sehr kurz ausgeführt waren, wurden sie im Laufe der Zeit bei den meisten Schülern präziser und dementsprechend länger.

---

[10] Dadurch, dass die Lehrerin vor mir nicht nach dem Koordinationsplan der Gesamtschule Harburg gearbeitet hatte, lag ich mit einen Thema im Rückstand. Ich schaffte im letzten Schuljahr nicht mehr das Teilgebiet „Oberfläche" zu behandeln. Folgedessen musste ich im neuen Schuljahr erst einmal das Thema wiederholen, um anschließend die „Oberfläche" einführen zu können.
Das Thema ist aus unserem verpflichteten Schulbuch „mathe live" 1999

## 5.1 Einzelauswertungen

Im Folgenden werde ich die Lerntagebücher einzelner Schüler näher beschreiben. Um einen guten Überblick zu geben, wähle ich aus meinem Kurs eine mittelmäßige Schülerin (Alexa), einen relativ leitungsstarken Schüler (Lazar), eine Schülerin eher im unteren Mittelfeld (Aylin) und eine sehr schwache Schülerin (May).

### 5.1.1 Alexa

Alexa hat zu Hause wie in Kap. 3 beschrieben große private Probleme. Je nachdem was bei ihr zu Hause geschehen ist, zieht sie sich zeitweise ganz aus dem Unterricht zurück. Ich konnte nie genau herausfinden, ob und wie viel sie von der jeweiligen Stunde mitbekommen hat.

Alexa war die einzige, die ihr Lerntagebuch verloren hatte. Dementsprechend habe ich erst Belege ab dem 30.10.2008, aber ich finde, dass sie ein typischer Fall dafür ist, sich mit Hilfe des Lerntagebuchs sowohl schriftlich als auch mündlich stark zu verbessern. Im Schulzeugnis des Halbjahres 2008 hatte sie eine 3. Mündlich wie eben beschrieben war sie mittelmäßig, beim Schriftlichen dasselbe.

Ohne es belegen zu können, möchte ich wie folgt schildern, wie sich Alexa bis zum Verlust des ersten Lerntagebuchs verhalten hatte: Zu Beginn gab Alexa sich kaum Mühe und führte das Heft nicht regelmäßig. Nachdem sie das Lerntagebuch verloren hatte, führte ich mit ihr ein intensives, persönliches Gespräch und anschließend erkannte sie anscheinend den Sinn und Zweck dieses Lerntagebuchs. Denn während sie zuvor im Memo-Stil schrieb, also nur sehr kurze Berichtsätze zu ihrem derzeitigen Verarbeitungsstand und bezüglich der im Unterricht behandelten Inhalte festhielt (vgl. Hellmer 2007, 18), änderte sich ihr Schreibstil nach dem Gespräch. Wir besprachen, wie sie genauere Eintragungen machen kann und trafen die Abmachung, dass sie die letzten drei Wochen[11] so gut wie möglich nachholen sollte, da ich das Lerntagebuch in der darauffolgenden Woche einsammeln wollte.[12] Zwar schrieb sie noch teilweise im Memo-Stil, es zeigten sich jedoch schon Veränderungen, die Sätze wurden länger und nach und nach genauer.

> *„Wir hatten viele Übungen gemacht und ich habe es mittelmäßig verstanden. [...] Bei b und c habe ich eine Lösung gefunden. Bei a und d brauche ich Ihre Hilfe“* (Alexa, A 5: II).

Des Weiteren nutze sie den Tipp von mir, mit Beispielen zu arbeiten:

> *„Wir hatten Hausaufgaben auf und habe sie erst nicht verstanden, dann aber doch. Als Beispiel [...]“* (Alexa, A 5: I).

Bei der nächsten Eintragung machte Alexa einen gewaltigen Sprung. Sie führte nicht nur Beispiele an, sondern versuchte diese auch zu erklären:

---

[11] 30.10.- 13.11.2008

[12] Aus dem Grund kann ich bei ihr diesen Zeitraum nicht auf meine 2. Leitfrage eingehen.

*„Ich habe das Erweitern und Kürzen von Brüchen verstanden. z.b. Kürzen heißt:* $\frac{30}{45}$ *kann man durch 5* teilen/kürzen $= \frac{6}{9}$ :3 $\frac{2}{3}$*. Ich muss Zähler und Nenner mit derselben Zahl teilen"* (Alexa, A 5: III).

An diesem Beispiel kann man auch sehr gut erkennen, dass sie von der singulären Sprache, teilweise schon auf die reguläre Sprache übergeht, indem sie die Begriffe wie Nenner und Zähler verwendet. Jedoch ist die Unterscheidung zwischen Teilen und Kürzen noch nicht klar. (Da ich diesen Fehler auch in anderen Heften entdeckte, habe ich ihn nach dem Anschauen der Hefte im Plenum besprochen.)

Beim vorerst letzten Eintrag bemerkte ich, dass Alexa das Thema verstanden hatte, denn sie war von der singulären zur regulären Sprache übergegangen (vgl. A 5: V), was den Nutzen des Lerntagebuchs als Erinnerungshilfe steigert. Des Weiteren zeigt sich durch ihren Rückmeldebogen (vgl. A 6), dass sie zustimmt, das Lerntagebuch als Erinnerungshilfe zu nutzen. Dass Alexa notierte, das Lerntagebuch würde ihr bei einem Test bzw. einer Arbeit gar nicht helfen, resultiert wahrscheinlich daraus, dass sie es nicht brauchte. Sie hatte das Erlernte präsent in ihrem Kopf.

In ihren Eintragungen (ab 20.11.) spiegelten sich die wesentlichen Inhalte des Unterrichts wider, was an den Beispielen: A 5: III + IV + V deutlich wird.

Ein weiterer positiver Aspekt durch das Lerntagebuch ist besonders gut bei Alexa zu entdecken. Sie ist mündlich sehr aktiv geworden, meldet sich häufig und liest jedes Mal (stolz) aus ihrem Lerntagebuch vor. Ich denke, dass sie eine Stärkung des Selbstbewusstseins erfuhr, indem sie bemerkte, dass auch ihre Denkweise und nicht nur die des Lehrers richtig ist.

Mündlich steht sie nun auf einer 2 und schriftlich auf einer 2+.

» Insgesamt kann man vermuten, dass das Führen des Lerntagebuches für Alexas Lernfortschritte hilfreich war.«

### 5.1.2 Lazar

Lazar ist ein sehr liebevoller Schüler, der keine Mutter mehr hat und bei seinem Vater und seiner Oma aufwächst. Darin könnte es begründet sein, dass er noch so kindlich und unselbstständig ist. Lazar braucht immer intensive Hilfe, um ein neues Themengebiet zu verstehen. Aus diesem Grund ist er im II-Kurs gut aufgehoben.

Lazar bemühte sich stets sehr, sein Lerntagebuch gut zu führen, nachdem die anderen Schüler und ich ihm mehrmals erklärt hatten, wofür das Lerntagebuch förderlich sein soll.

Lazar konnte von Beginn an einen Bezug zum Lerntagebuch herstellen. Das erkennt man sehr gut an seinen ersten Eintragungen:

*„Man berechnet eine Fläche mit a • b oder a • a und den Umfang rechnet man (a + b) • 2.*

*a • a   a • b   (a + b) • 2*

*Fläche   Umfang"* (Lazar, A 7: I).

Er hatte diese Formeln wahrscheinlich aus seinem normalen Arbeitsheft oder aus einem Buch, jedoch wusste Lazar zum einen genau, was das Wesentliche dieser Woche gewesen war und zum anderen erkannte ich durch seine allgemeinen schriftlichen und mündlichen Leistungen, dass ihm klar war, was z.B. hinter diesen Unbekannten steht. Man kann es bei dem Eintrag in seinem Lerntagebuch erahnen (A 7: I). Lazar hatte die Bedeutung der Unbekannten zwar hingeschrieben, jedoch anschließend durchgestrichen. Es fehlt bei der Genauigkeit allerdings, dass er nicht aufschrieb, um welche Figuren es sich bei den Formeln handelte. Da wir in diesem Zeitraum nur Quadrat und Rechteck thematisierten, nehme ich an, dass es für Lazar selbstverständlich war, dass es sich um diese Figuren handelt.

Wie eben kurz angesprochen, finden sich in allen seinen Eintragungen wesentliche Aspekte des Unterrichts wieder, allerdings teilweise in anderer Gewichtung. Zwei Eintragungen sollen als weitere Beispiele dienen:

1. Beispiel: *„Ich habe gelernt wie man rationale Zahlen multipliziert*
*Wie denn = In dem man es einfach mal nimmt u. das Vorzeichen setzt*
*Bsp.: (-3) • (-5) = +15 Weil (-) u. (-) = (+)"* (Lazar, A 7: III).

2. Beispiel: *„Ich habe gelernt wie man zwischen zwei Zahlen die Mitte findet.*
*Wie denn? In dem man die Zahlen ausrechnet und das Ergebnis durch zwei teilt"* (Lazar, A 7: IV).

Beim Beispiel 1 trifft Lazar genau einen wesentlichen Teil, der in dieser Woche auch zentrales Lernziel war (vgl. A 2). Beim Beispiel 2 hingegen war das Wesentliche die Wiederholung des gelernten Stoffes. Jeder Schüler musste an seinen Schwächen arbeiten, also „intelligent Üben", um sich auf die kommende Arbeit vorzubereiten. Für Lazar war es anscheinend wesentlich, genau die Mitte zwischen zwei Zahlen zu finden und er hat sich, wie beschrieben, eine gelungene Methode angeeignet. Lazar verallgemeinerte teilweise, indem er z.B. schrieb, dass man die Zahlen ausrechnen muss (s.o.). Es stellt sich für mich die Frage, ob Lazar später noch weiß, wie er diese errechnen kann. Im Nachhinein erscheint es sinnvoll, auf diese Problematik im Einzelgespräch näher einzugehen, denn er verweilt noch in seiner singulären Sprache.

Der nächste Eintrag zeigt, dass er nur so viel nachfragt, bis er das Teilthema durchdrungen hat. Er ist der Einzige, der von Beginn an am genauesten in seiner singulären Welt beschreiben kann. Als Beispiel:

> *„Ich habe gelernt, dass zahlen unter Null negative Zahlen sind und das Zahlen die über null liegen positive Zahlen sind"* (Lazar, A 7: II).

Es hilft ihm höchstwahrscheinlich auch, dass er fast immer dieselben Satzanfänge, sprich Leitmotive gebraucht „Ich habe gelernt..." bzw. „Ich habe verstanden..." sowie „Wie?" bzw. „Wie denn?" Dadurch hat er eine gewisse Sicherheit gewonnen.

Entgegen meines Eindrucks, dass Lazar großen Nutzen aus dem Lerntagebuch zieht, meldete er über den Evaluierungsbogen (vgl. A 8) zurück, das Lerntagebuch weder als Hilfe zum Lernen noch als Erinnerungshilfe hinzugezogen zu haben. Anscheinend hat er nicht verstanden bzw. akzeptiert, was das Lerntagebuch ihm bringt oder aber er führt selbst eine Art Regelheft und sieht so den Nutzen in dem Lerninstrument nicht.

>> Zusammenfassend kann ich sagen, dass Lazar auf dem guten Wege ist ein nutzbares Lerntagebuch zu schreiben. Jedoch wird er das Lerntagebuch nach Aussage des Rückmeldebogens vorläufig nicht für die von mir gedachten Ziele nutzen.<<

### 5.1.3 Aylin

Aylin ist eine liebevolle und ehrliche Schülerin. Sie erzielt durchschnittliche Leistungen und bringt sich je nach Lust und Laune gut in den Unterricht ein. Damit ist gemeint, dass sie eine Schülerin ist, die sich schnell beleidigt fühlt und dann trotzig auf jeden reagiert. Wenn sie mit den Gedanken dabei ist, kann den laufenden Unterrichtsstoff gut verstehen. Von Anfang an hatte Aylin Skepsis gegenüber dem Lerntagebuch, die weder ihre Mitschüler noch ich ihr nehmen konnten.

Sie führte das Heft sehr „schlampig", was man durch den gesamten Verlauf des Lerntagebuchs erkennen kann (vgl. A 9)[13]. Aylin ist das einzige Mädchen gewesen, die sich trotz Notenvergabe wenig Mühe gemacht hat, sauber zu schreiben. Der Grund hierfür könnte sein, dass einige Schüler keine Erfahrungen damit haben, was für positive Aspekte sich hinter einer sauberen und übersichtlichen Heftführung verbergen, z.B. auf dem ersten Blick zu erkennen, was ich mir merken muss (siehe A 5: IV). Auf ihrem Rückmeldebogen (A 10) hat Aylin angegeben, sich sehr bemüht zu haben. Das kann und möchte ich nicht verneinen, denn sie führte das Lerntagebuch recht regelmäßig und gab sich nach dem ersten Einsammeln kurzzeitig auch mehr Mühe (vgl. A 9: III [Eintrag 30.10.]). Das sorgfältige Führen stellte für sie eine zusätzliche Anforderung dar.

Aylin schrieb beim ☺ im ersten Eintrag im Memo-Stil

*„Alles klar mit Flächen, Volumen und Umfang (die Wiederholung)"* (Aylin, A 9: I).

Nach einem persönlichen Gespräch verbesserte sie sich in den nächsten beiden Einträgen. Sie nutzte das Leitmotiv „Ich habe gelernt…" nur einmal. Wahrscheinlich hätte ich ihr da gleich das Feedback geben müssen, dieses weiterhin zur Hilfe zu nehmen.

*„Ich habe gelernt, dass negative Zahlen ein (-) vor der Zahl haben und das negative Zahlen (-) Zahlen sind"* (Aylin, A 9: I).

Bei diesem Eintrag kann man erkennen, dass sie verstanden hat, dass negative Zahlen darstellen und benennen. Beim nächsten Eintrag schildert sie, dass sie auf enaktiver Ebene verstanden hat, wie das Rechnen mit positiven und negativen Zahlen auf dem Zahlenstrahl funktioniert (vgl. A 9: II).

Bei den nachfolgenden Einträgen veränderte Aylin ihren Stil. Ihr Hauptaugenmerk lag nun nicht mehr darauf, das Wesentliche aus dem Mathematikunterricht zu notieren, sondern mir schriftlich

---

[13] Das Lerntagebuch an sich ist schon sehr geknickt, was meine These zusätzlich unterstützt. Um das zu zeigen, habe ich das rückseitige Deckblatt mit eingescannt.

Nachrichten zu kommen zu lassen. Wenn sie etwas zum ☺ schrieb, war es entweder an mich gerichtet oder aber sie reflektierte weiter im Memo-Stil respektive schrieb persönliches Befinden hinein:

> *„Die 2 Unterrichtsstunden waren beide sehr ruhig also konnte ich mich gut besser gesagt sehr gut konzentrieren und es war eine sehr gute Idee mit dem Spiel, es hat mir gefallen."* (Aylin A 9: III)

oder

> *„Ich fand heute den Merksatz sehr hilfreich"* (Aylin, A 9: VI).

Was Aylin aber sehr konsequent nutzte, war sich selbst beim Punkt „!" an bestimmte Regeln

> *„nicht reden"* (Aylin A 9: I)

oder aber Selbstdisziplinierungsmaßnahmen

> *„Ich finde ich sollte mich mehr konzentrieren [...]"* (Aylin A 9: III)

zu erinnern. Des Weiteren fand ich es erstaunlich, wie intensiv sie die Extra-Symbole genutzt hat (vgl. A 8: V + VI). In diesen schrieb sie Nachrichten an mich, Beschwerden, ihr persönliches Befinden oder aber woran sie denken muss. Anhand ihres Rückmeldebogens kann belegt werden, wie sehr sie die Extra-Symbole schätzt (vgl. A 10). Nach meiner Beobachtung konnte Aylin das Lerntagebuch nicht in den von mir tendierten Zielen (vgl. Kap. 4.1) nutzen. Dies bestätigt sie durch den Rückmeldebogen, dass sich bei ihr durch das Lerntagebuch *„nichts fast geändert hat"* (Aylin, A 10). Dies resultiert daraus, dass ich zum einen nicht alle ihre Änderungswünsche umsetzen konnte bzw. wollte und zum anderen, dass sich ihre Leistungen nicht gebessert haben. Auch die Rückmeldung, dass sie das Lerntagebuch auf keinen Fall weiter führen möchte (vgl. A 10), macht deutlich, dass sie den Nutzen des Instruments nicht erkannt hat.

» Zusammenfassend kann ich sagen, dass Aylin durch das Lerntagebuch ihre Lernerfolge kaum gesteigert hat. Ihre intensive Nutzung der Extra-Symbole, die ich nachträglich eingeführt habe, zeigt mir, wie wichtig es ist, den Schülern eine solche Möglichkeit zu geben. Die Gefahr dahinter ist jedoch, dass Schüler wie Aylin das Lerntagebuch als Briefbuch verwenden werden, was das Ziel dieses Lerninstrumentes verfehlen würde. «

### 5.1.4 May

Wie schon in Kap. 3 beschrieben, ist May nicht nur im Unterricht eine sehr stille Schülerin. Sie wurde durch das Lerninstrument sprachlich leider nicht aktiv(er) im Unterricht. In einem persönlichen Gespräch mit May versuchte ich herauszufinden, warum sie sich nicht am Unterricht beteiligt. Ich erfuhr, dass sie große Angst hat während des Unterrichts ausgelacht oder gar nach dem Unterricht für ihre Fehler gehänselt zu werden. Infolgedessen nehme ich sie nicht mehr unaufgefordert im Unterricht dran. Anerkennenswert ist jedoch, dass sie beim Führen des Lerntagebuchs ihr Lerntempo gesteigert hat.

May nutzte nie das „?", da sie die möglichen Fragen wahrscheinlich nur schwer formulieren kann. Anhand der Ausschnitte (vgl. A 11) kann man erkennen, wie schwer es ihr fiel und heute noch fällt, verständlich zu formulieren. Sie nahm aber von Beginn an meinen Tipp, Beispiele zu notieren, fast jedes Mal zur Hilfe. Des Weiteren nutzte sie die folgenden Leitmotive: z.B. *„Ich habe gelernt...“*[14] (A 11: II). Das „!“ nutzte sie fast regelmäßig (vgl. A 11), um sich zu erinnern, dass sie bei bestimmten mathematischen Themen noch Übungsbedarf hatte respektive an bestimmte Dinge wie z.B. $m^2$ (A 11: I) noch denken musste. Allerdings vermute ich, dass es weniger die Übungsmöglichkeiten sind, die May benötigt, sondern vielmehr Bedarf hat, die Themengebiete durch enaktiv zu bearbeiten, da ihre Einträge zeigen, dass sie diese noch nicht durchdrungen hat.

An ihrem ersten Eintrag bemerkt man sofort, mit wie viel Sorgfalt sie das Lerntagebuch führt (vgl. A 11). Jedoch stimmt bei diesem etwas nicht, sie muss die Eintragung nicht in derselben Woche gemacht haben, sondern eine Woche später. May wollte höchstwahrscheinlich ein Beispiel zum Berechnen der Oberfläche Quaders notieren, das ihr nur teilweise gelungen ist.

| „ $A = 9 \cdot 7 = 63\ m^2$ | $A = 9 \cdot 5 = 45\ m^2$ | $A = 5 \cdot 7 = 35\ m^2$ |
|---|---|---|
| $+ 63\ m^2$ | $+ 45\ m^2$ | $+ 35\ m^2$ |
| $126\ m^2$ | $90\ m^2$ | $70\ m^2$ “ |

(May, A 11: I).

Meines Erachtens hat sie nicht verstanden, wie man eine Oberfläche berechnet. Sie hat sich vermutlich ein beliebiges Beispiel teilweise notiert. Im Rückblick auf das Thema Oberfläche habe ich bemerkt, wie schwer es allgemein den Schülern gefallen ist, trotz anschaulicher Materialien die Berechnung der Oberfläche eines Quaders zu verstehen. Ich hätte möglicherweise den Schülern mehr Zeit in der aktiv-entdeckenden Phase bzw. ihrer singulären Welt geben müssen, um sich ausführlicher auf der enaktiven Ebene beschäftigen zu können.

In den weiteren Eintragungen ist zu sehen, dass May ihrer Struktur fast immer treu bleibt. Bemerkenswert ist jedoch, dass sie nach den ersten zwei Sitzkreisen verstanden bzw. sich getraut hat, Teilgebiete oder Beispiele so zu notieren, <u>wie</u> sie sie verstanden hat.

> *„Ich habe gelernt: [Zeichnung vom Zahlenstrahl] und der °C. Wie ich rechnen muss: Und über 0°C ist + und – unter 0°C, habe ich so gelernt“* (May A 11: II).

An diesem Eintrag kann man sehr gut erkennen, dass sie in der singulären Welt ist. Sie verband ihre Alltagerfahrungen (wahrscheinlich ein Thermometer) mit dem Zahlenstrahl. Noch mehr Mühe gab sie sich nach der ersten Rückmeldung meinerseits, indem sie anfing statt einer DinA-5 Seite zwei zu schreiben. Sie nahm höchstwahrscheinlich meine schriftlichen und mündlichen Rückmeldungen sehr ernst. Z.B. notierte sie anschließend immer das Datum (vgl. ab A 11: III), was sie zuvor nicht gemacht hatte (vgl. A 11: I+II). Sie ist die einzige, bei der der Eintrag häufig über eine Seite hinausging (vgl. ab

[14] Aus Gründen der Verständlichkeit werde ich Irmas Eintragungen im möglichst korrekten Deutsch wiedergeben.

A 11: III). Bei der Erklärung des Schulden-Gutschein-Spiels bemerkt man, wie schwer es ihr fällt, sich auszudrücken (vgl. A 11: III).[15]

Der nächste Eintrag zeigt, dass May das additive und subtraktive Berechnen hier von ganzen Zahlen (bzw. rationalen Zahlen) nicht verstanden hat. May notiert ein fehlerhaftes Beispiel: „

| + | +3 | +1 | -2 | -10 |
|---|---|---|---|---|
| +10 | +13 | -14 | -8 | -0 |
| -1 | -12 | -1 | -3 | -11 |
| -3 | +3 | -2 | -3 | -13 |
| -10 | -7 | -9 | -12 | -20 |

"(May, A 11: IV) [Die nicht richtigen Ergebnisse habe ich aufgrund der Übersichtlichkeit markiert]

Allerdings verstand sie die Bedeutung einer positiven und negativen Zahl

> *„Ich habe gelernt + war eine positive Zahl und – war eine negative Zahl [...]"*
> (May, A 11: IV).

An dieser Stelle habe ich beim zweiten Kontrolldurchgang gesehen, dass May das Lerntagebuch als Erinnerungshilfe nutzt. Sie hat nämlich bedauerlicherweise Fehlerhaftes auswendig gelernt und im Test angewendet. Diese These wurde durch ihren Rückmeldebogen (vgl. A 12) unterstützt. Um so etwas zu vermeiden, muss ich demnächst unbedingt darauf achten, Rückmeldungen zu den Lerntagebucheintragungen zu geben, bevor ein Test/ Arbeit geschrieben wird.

May notierte im Grunde genommen das Wesentliche in jedem Eintrag. Lediglich beim ersten Eintrag vertat sie sich in der Woche (s.o.). Für May ist es höchstwahrscheinlich die beste Lösung sich Beispiele zu notieren, obwohl das nicht Sinn und Zweck dieses Lerninstrumentes ist. Jedoch könnte ich mir vorstellen, dass sie durch das regelmäßige Schreiben ihren deutschen Wortschatz erweitert.

May soll hier als Beispiel (siehe A 11: V) dienen, um zu zeigen, dass einige Schüler das Lerntagebuch weitergeführt haben. Es ging ums Teilgebiet „Bewegungsgeschichten". May hat sogar nach bestem Bemühen eine Geschichte zum Graphen geschrieben, die zu Beginn auch recht genau respektive richtig ist, abgesehen von der Vorstellung von Weg und Zeit. Nach HESKE sind Schüler, die das Lerntagebuch freiwillig weiterführen, häufig die, *„die sich mündlich nur wenig am Unterrichtsgeschehen beteiligen"* (2001, 16).

» Zusammenfassend kann ich sagen, dass ich May mit Hilfe des Lerntagebuchs gezielter helfen konnte, indem ich häufig Denkfehler bzw. typische Rechenfehler bemerkte, die ich sonst kaum bemerkt hätte. Sie nutzt das Lerninstrument als Erinnerungshilfe, zwar im anderen Sinne, jedoch scheint es ihr zu helfen. Mit der schriftlichen Reflexion ihres Lernprozesses ist sie durch die fehlende Sprachkompetenz überfordert. »

---

[15] Aus Gründen der Länge des Beitrags werde ich diesen nicht zitieren, sondern lediglich darauf verweisen.

## 5.2 Schüler geben ihre Rückmeldung ab

Nach knapp 12 Wochen evaluierten die Schüler das Lerntagebuch. Dazu reichte ich einen Rückmeldebogen (A 3) hinein, der mir durch möglichst kurze, klare Aussagen einen allgemeinen Eindruck über den Erfolg des Lerntagebuches und gezielten Blick auf meine Ziele (siehe Kap. 4.1) geben sollte. Ich lehnte mich hierbei an das Gerüst von KROWATSCHEK (2005, 122f.) an. Die Aussagen[16] standen rechts und die Schüler mussten auf einer Skala diesen entweder zustimmen oder ablehnen. Ferner konnten sie auf der zweiten Hälfte des Rückmeldebogens noch hinzuschreiben, was ihnen gefallen bzw. nicht gefallen hat. Ich werde hier kaum auf einzelne Schüler eingehen können, da das den Rahmen dieser Hausarbeit sprengt. Es sei lediglich darauf verwiesen, dass ich bei den Einzelauswertungen schon auf bestimmte Rückmeldebögen eingegangen bin (siehe Kap. 5.1). Ich habe die Rückmeldebögen wie folgt ausgewertet (A 4): Auf einem noch leeren Rückmeldebogen habe ich die jeweiligen Anzahlen der einzelnen bewerteten Aussagen gezählt und in eckigen Klammern notiert. Die schriftlichen Kommentare der Schüler habe ich möglichst genau formuliert[17].

Wie in Kap. 4.3 schon kurz angesprochen, betonte ich gegenüber den Schülern, dass diese Rückmeldung lediglich für mich zur Verbesserung der Methode „Lerntagebuch“ sei. Die Schüler verstanden mein Anliegen und fast alle füllten die Rückmeldung ehrlich aus, mit Ausnahme von Mehmet. Als einziger Schüler füllte er den Bogen nicht ernsthaft aus und kreiste lediglich die Nullen ein, weshalb ich ihn letztendlich komplett aus der Auswertung genommen habe. Nach dem ersten Blick auf die Rückmeldungen war ich überrascht, wie ehrlich und teilweise ausführlich (mit schriftlichen Kommentaren versehen) die Schüler beim Ausfüllen gewesen sind.

**Auswertung der Rückmeldebögen**

Die Auswertung der Rückmeldebögen gliedert sich in zwei Bereiche. Während ich im zweiten Teil das Erreichen meiner Ziele der Unterrichtseinheit (vgl. Kap. 4.1) reflektiere, werde ich zunächst auf verschiedene andere Aspekte des Rückmeldebogens eingehen.

Beim genaueren Inspizieren fiel mir auf, dass die Schüler über den Sitzkreis eine sehr geteilte Meinung besitzen. Einige empfanden diesen hilfreich, andere hingegen „zu kindlich“ (vgl. A 4). Durch die geteilten Meinungen zum Sitzkreis würde ich das nächste Mal erst einmal abstimmen lassen, welche Sitzordnung die Klasse bevorzugt. Eine Alternative zum Sitzkreis könnte die ungeordnete Zuwendung zueinander sein. Es hätte das Wesentliche eines Sitzkreises beizubehalten, in dem jeder jeden ansehen und ansprechen kann. Dementsprechend wäre es für die Schüler in dem pubertierenden Alter nicht mehr so „peinlich“ (siehe Kap. 3).

---

[16] Einige Aussagen wurden von HELLMER (2007) übernommen.

[17] Teilweise musste ich die Rechtschreibung verbessern sowie den Satzbau, da es ansonsten zu Verständnisschwierigkeiten kommen könnte.

Wie sich sowohl in den Lerntagebüchern, als auch in den Rückmeldebögen widerspiegelt, nahmen die meisten Schüler die Extra-Symbole gerne an. Mir wurde durch die intensive Nutzung der Extra-Symbole erst bewusst, wie wichtig es den Schülern ist, mir auf diesem Wege ihre Anliegen schriftlich mitteilen zu können. So erreichen sie es, dass ich Zeit für ihre Anliegen finden werde und sie keine direkte unangenehme Reaktion befürchten müssen. In der Regel ist es ja sehr schwierig alle Probleme und Sorgen der Schüler als Fachlehrerin innerhalb der Pausen wahrnehmen bzw. besprechen zu können. Wie schon bei Aylin (Kap. 5.1.3) erwähnt, wird durch die starke Nutzung als Briefbuch das eigentliche Ziel des Lerntagebuches nicht erreicht (vgl. Kap. 2.2).
Auch das Stellen von Fragen an die Klasse bzw. an die Lehrkraft war nach Auswertung der Rückmeldung den Schülern äußerst wichtig. Lediglich Alexa stimmte dieser Aussage nicht zu. Grund hierfür ist wahrscheinlich der, dass es ihr generell unangenehm ist, Fragen öffentlich zu stellen, da sie vermutlich in früherer Zeit damit negative Erfahrungen gemacht hat. Wie schon in Kap. 4.3 kurz dargestellt, haben die Schüler wöchentlich einen Sitzkreis als Ritual gehabt und haben erfahren, dass dort Fragen, egal welcher Art, gestellt werden konnten, ohne dass man ausgelacht bzw. „doof" angeschaut wurde. Beispiel: Gefallen hat mir… *„dass man ruhig fragen kann, selbst wenn sie ziemlich leicht sind"* (Lukas, A 4). Selbst Patrick, der sein Lerntagebuch nicht führte, fand es gut, dass er im Sitzkreis gezielt fragen konnte. Dafür war es wichtig, auf das konsequente Einhalten der von mir eingeführten Regeln zu achten (siehe Kap. 2.3).
Die Rückmeldebögen haben mir auch Aufschluss darüber gegeben, in wie weit die Schüler sich selbsteinschätzen können. Gut Dreiviertel des Kurses hat sich richtig einschätzt im Hinblick auf ‚sich Mühe geben beim Schreiben ins Lerntagebuch', ‚regelmäßiges Eintragen ins Lerntagebuch' sowie ‚eigenes Selbstbewusstsein bezüglich der Mathematik'. Auf letzteres werde ich weiter unten genauer eingehen.
Im Hinblick auf den Ausblick ist es natürlich erfreulich, dass die meisten Schüler das Lerntagebuch weiterführen wollen bzw. werden. Allerdings sei angemerkt, dass die Schüler wussten, dass das Lerntagebuch ab jetzt als zusätzliche Leistung in die Note eingeht. Die Schüler hatten offensichtlich den guten Vorsatz, trotzdem gaben nach den Weihnachtsferien nur vier Schüler ihr Lerntagebuch ab, um es von mir kontrollieren zu lassen, was 25% des Kurses ausmacht. Leider kann ich es nicht weiterhin kontrollieren, da ich den Kurs zum Halbjahresende abgeben musste. Ich berichtete der neuen Lehrkraft von meinem Instrument „Lerntagebuch", dennoch bin ich skeptisch, ob sie es weiterführen wird.

**Reflexion in Bezug auf die Ziele**[18]

**Die Schüler erkennen den Nutzen eines Lerntagebuchs**

Als Indiz dafür, dass die Schüler den Nutzen eines Lerntagebuch erkennen, werte ich die Absicht in Zukunft weiterhin ein Lerntagebuch führen zu wollen. Wie schon beschrieben, führen bzw. wollten die meisten Schüler das Lerntagebuch weiterführen. Außerdem kreuzten mehr als 50 % die Aussage an, den Nutzen eines Lerntagebuchs erkannt zu haben. Dass gut ein Viertel der Schüler angekreuzten, den Nutzen nicht erkannt zu haben, liegt wahrscheinlich zum einen daran, dass ein kleiner Teil die verneinte Aussage falsch verstanden hat, da es bekanntlich für Kinder/Jugendliche schwer ist, solche Aussagen richtig zu deuten (vgl. May A 12 bzw. Lazar A 8) woran ich zuvor leider nicht gedacht hatte. Zum anderen gab es in der Tat Schüler, die den Sinn dieses Lerntagebuchs nicht erkannten, da ihnen höchstwahrscheinlich ein solcher Zugang noch nie eröffnet wurde (z.B. Patrick). *„Bei diesen Schülern führt das Lerntagebuchschreiben zunächst oft in eine Sackgasse, weil sie es ungern und nicht motiviert übernehmen und dann auch nicht zu Erfolgen gelangen, die sie beflügeln könnten“* (Winter 2007, 115).

**Die Schüler führen das Lerntagebuch sorgfältig**

Wie schon in Kap. 4.3 kurz beschrieben, führten die meisten Schüler das Lerntagebuch nach dem ersten Einsammeln sorgfältiger. Mir fiel nämlich bei mehr als ein Drittel der Schüler beim ersten Einsammeln auf, dass sehr viele das Lerntagebuch nicht ordentlich führten, was durchaus sehr wichtig ist, um später ein gute Erinnerungshilfe zu erhalten (vgl. Kap. 2.2.4). Durch das Vergeben von Noten, die zunächst nur aus Sauberkeit und pünktliche Abgabe zusammengesetzt waren, wurde diese Anzahl auf ein viertel reduziert.

Daraus schlussfolgernd kann man sagen: Mit Hilfe eines gewissen Notendruckes führten die meisten Schüler ihr Lerntagebuch sauber und ordentlich (vgl. Kap. 2.2.4 bzw. 4.3). Auffällig ist jedoch, dass die Mädchen sorgfältiger an dem Lerntagebuch arbeiten. HESKE unterstützt diese Beobachtung: In *„allen Jahrgangsstufen [machen] die Mädchen wesentlich intensiver von dieser Lernmethode Gebrauch [...]. Vielleicht lässt sich aus dieser Beobachtung ein Anknüpfungspunkt für eine besondere Mädchenförderung im Mathematikunterricht entwickeln“* (2001, 16). In der Tat wurden auch die Mädchen dieses Kurses durch das Lerntagebuch stärker gefördert, 7 von 9 Mädchen kreuzten an das Lerntagebuch weiter zu führen, bei den Jungs hingegen waren es 3 von 6. Betrachtet man die Schülerinnen einzeln, so stechen besonders Alexa (vgl. 5.1.1), May (vgl. 5.1.4) und Lisa[19] hervor. Alle drei gaben sich besonders viel Mühe sorgfältig ins Lerntagebuch zu schreiben. Sie verbesserten sich zum Ende des Halbjahres um eine Note. Dies gelang ihnen nicht nur durch ihre gute zusätzliche

[18] Ziele sind dickgedruckt

[19] Es war mir aufgrund der Fülle dieser Arbeit, als auch durch die besonderen Auffälligkeiten der einzeln beschriebenen Schüler in jeglicher Hinsicht leider nicht mehr möglich Bonnie auch noch einzeln auszuwerten

Leistung, die sie durch sorgfältige Eintragungen und Vorlesen[20] erbrachten, sondern sie wurden auch in ihren anderen schriftlichen Leistungsnachweisen wesentlich besser.

**Die Schüler nutzen das Lerntagebuch als Reflektion ihres eigenen Lernweges.**

Bei mehr als der Hälfte der Schüler ist es mir gelungen, soweit ich das beurteilen kann, ihren Lernprozess durch das Lerntagebuch langfristig zu fördern. Sie verfolgen diesen nun mit mehr Aufmerksamkeit und bemühen sich aktuelle Fragen zu klären. Laut Rückmeldebögen sind es sogar 11 von 15 Schülern, die der Aussage *„Seitdem ich das Lerntagebuch führe, weiß ich schon, was ich in Mathe kann"* (A 4) zustimmen. Das zeigt mir, dass die Schüler durch das Schreiben ins Lerntagebuch dazu befähigt werden, *„das eigene Lernen besser zu steuern und zu kontrollieren"* (Heske 1999, 11) sowie ihre Stärken und Schwächen aufzudecken. Durch das Lerntagebuch setzten sich die Schüler aktiv mit dem behandelten Unterrichtsstoff gedanklich auseinander und dokumentieren Erlerntes oder aber auch falsch Verstandenes. Die Schüler werden sich durch die geistige Auseinandersetzung und das Dokumentieren klar darüber, ob sie den behandelten Unterrichtsstoff wirklich verstanden haben. Im laufenden Unterricht sind die Schüler dadurch aktiver, da sie sich zu Hause nicht nur durch die Hausaufgaben, sondern auch durch das Lerntagebuch mit den Inhalten auseinandergesetzt haben. Nicht zu verachten ist, dass die Schüler anhand des Reflektierens obendrein ihr Selbstbewusstsein gesteigert haben. Die meisten Schüler wissen nun, was sie Können bzw. noch nicht Können. *„Problematisch bezüglich der Motivation und des Arbeitsaufwandes für die Schülerinnen und Schüler könnte es dann werden, wenn in mehreren anderen Fächern diese Methode ebenfalls eingeführt wird"* (Heske 2001, 17).

**Die Schüler nutzen das Lerntagebuch als Erinnerungshilfe.**

11 von 15 Schülern stimmten zu, das Lerntagebuch als Erinnerungshilfe zu nutzen (vgl. A 4). Es ist schwer festzumachen, in wie weit ihnen das Lerntagebuch dabei hilft. Ich kann es lediglich anhand der Rückmeldebögen fixieren. Darüber hinaus bemerkte ich beim Unterrichten, dass die Mehrheit der Schüler mit Hilfe der Eintragungen Anschlussmöglichkeiten zur aktuellen Stunde herstellen konnten (vgl. Kap. 2.2.4). Des Weiteren konnte ich anhand von Mays Eintragungen ins Lerntagebuch und in einem Test[21] erkennen, dass sie es als Lernhilfe genutzt hat (siehe Kap. 5.1.4).
In Zukunft werde ich in meinem Unterricht stärker darauf achten, dass ich Singuläres und mit Regulärem verbinde und die spontanen Schülerprodukte nicht nur als schmückendes Beiwerk nutze, wie GALLIN &RUF (1998, 23) es beschreiben (vgl. Kap. 1). Nur so kann ich mit Hilfe der Einbettung

---

[20] Außer Irma, sie hat sich höchstwahrscheinlich aufgrund ihrer sprachlichen Probleme sich nie getraut vorzulesen.
[21] Leider habe ich über diesen keinen Beleg, da ich die Tests ausgeteilt habe, ohne diesen zuvor zu scannen bzw. zu kopieren.

von Lerntagebüchern in meinen Unterricht davon ausgehen, dass die Schüler auf eigenen Wegen lernen und das Lerntagebuch als Erinnerungshilfe nutzen können!

**Die Schüler notieren das Wesentliche des Unterrichts in das Lerntagebuch.**

Nach Aussage der Rückmeldebögen wussten ca. 75 % der Schüler was sie wichtiges gelernt haben (vierte Aussage). An dieser Stelle stimme ich zu, da die Schüler in der Tat immer einen Punkt fanden, der für mich wesentlich in dieser Woche gewesen war. Sogar noch größere Zustimmung fand die fünfte Aussage, in der die Schüler angaben, dass es ihnen leicht gefallen sei, aufzuschreiben wie sie es verstanden haben (vgl. A 4). In dieser Einschätzung kann ich den Aussagen der Schüler nicht folgen, da ich der Auffassung bin, dass die meisten Schüler teilweise große Schwierigkeiten beim Notieren hatten bzw. noch haben (werden). Ich kann es mir nur so erklären, dass die Schüler die fünfte Aussage nicht richtig interpretierten oder sich überschätzten. Dadurch, dass ihnen eine gewisse Sprachkompetenz fehlt, entstanden vielleicht die Schwierigkeiten beim Selbsteinschätzen (vgl. Heske 2001, 15). Zum Beispiel im Falle von Aylin, die zwar ankreuzte der Aussage zuzustimmen, jedoch Probleme hatte, ihre individuellen Wissenslücken zu identifizieren (vgl. Kap. 2.2.4 bzw. 5.1.3). Sie schrieb zwar regelmäßig in ihr Lerntagebuch hinein, jedoch nach der 2. Hälfte der Durchführung hauptsächlich persönliche Gedanken. Bei May hingegen bin ich der Meinung, dass sie die 5. Aussage vielleicht sogar verstanden hat, durch ihre fehlende Sprachkompetenz jedoch ihre Beispiele für richtig notierte Einträge hielt (vgl. A 11). Bei Alexa würde ich sogar ihre Zustimmung bei der 5. Aussage unterstützen, da sie immer längere Beiträge hineingeschrieben hatte (vgl. A 5). Damit sich die Schüler an dieser Stelle besser einschätzen können, müsste mein Feedback nach dem Korrigieren des Lerntagebuchs an die Schüler wesentlich präziser sein (näheres hierzu siehe Kap. 6).

Nur wenige Schüler haben Leitmotive (vgl. Kap. 2.2.4) als Strukturierungshilfe genutzt. Ich habe bemerkt, dass die Schüler, die solche (regelmäßig) angewendet haben, weniger Probleme hatten, das Wesentliche zu notieren (vgl. hierzu z.B. Aylin Kap. 5.1.3 + A 9 und Lazar Kap. 5.1.2 + A 7). Alle drei Schüler (Lazar, Alexa, May), die ich einzeln ausgewertet habe, nutzen Leitmotive, Lazar nach den ersten Einträgen fast durchgängig. Um bei der nächsten Einführung eines Lerntagebuchs in diesem Punkt noch bessere Ergebnisse zu erzielen, ist es ratsam mögliche Leitmotive vorzugeben, und den Schülern dringend anzuraten diese wenigstens in der Anfangszeit zu nutzen.

Zusammenfassend kann gesagt werden, dass die meisten Schüler das Wesentliche zwar notierten, meines Erachtens jedoch zum Teil große Schwierigkeiten bei der Verschriftlichung hatten. *„Eine gewisse Sprachkompetenz ist nach diesen Erfahrungen Grundvoraussetzung für den Lernerfolg“* (Heske 2001, 15).

**Ich kann die Schüler durch das Lerntagebuch in Bezug auf ihre Fähigkeiten besser einschätzen und diese dadurch individuell fördern.**

Es ist erstaunlich wie gut ich durch die Lerntagebücher die Fähigkeiten der Schüler einschätzen lernte. Es ist mir fast jedes Mal gelungen, vorausgesetzt sie schrieben es ins Lerntagebuch, ihre Fähigkeiten und derzeitige Schwierigkeiten gezielt zu erkennen. Die sich daraus ergebende Notwendigkeit einer individuellen Förderung der einzelnen Schüler ist mir leider nur teilweise gelungen. Gründe hierfür liegen in der zu geringen Zeit, die ich innerhalb der Stunde für jeden einzelnen hatte, sowie in Mutlosigkeit oder gar Lustlosigkeit einiger Schüler sich mit Nicht-Verstandenem auseinander zu setzen. In Zukunft muss ich meinen Unterricht noch weiter zum individualisierten Unterricht ausbauen.

## 6. Schlussbemerkung und Ausblick

Die Untersuchung der ersten Leitfrage „Spiegelt sich in den Lerntagebüchern das Wesentliche des Unterrichts wider?“ ergab, dass meine wesentlichen Punkte (vgl. A 2) größtenteils mit denen der Schüler übereinstimmen. Es spiegeln sich also überwiegend die wesentlichen Inhalte der Woche in den Lerntagebüchern wieder. Erreicht wurde dies wahrscheinlich durch Leitmotive, Strukturierungshilfen und das gedankliche Durchgehen der vergangenen Stunden. Angemerkt sei allerdings, dass die Schüler es noch lernen müssen, sich in ihrem Text so auszudrücken, dass die Sache, um die es geht, auch für mich fassbar wird. Dann erst hat der Schüler einen Teil seiner singulären Welt mit meiner singulären Welt koordiniert und nähert sich so der Welt des Regulären (vgl. Ruf/Gallin 1991, 171).

Die Untersuchung der zweiten Leitfrage „In wie weit können die Schüler das Lerntagebuch als Erinnerungshilfe nutzen?“ ergab schließlich, dass die Schüler das Lerntagebuch zwar als Erinnerungshilfe nutzen möchten und es teilweise auch getan haben. Es ist jedoch sehr problematisch, falsch oder unverständlich Beschriebenes als Lernhilfe zu nutzten. Deshalb ist es enorm wichtig, dass ich in regelmäßigen Abständen und besonders vor Prüfungen die Lerntagebücher korrigiere und individuell mit jedem Schüler bespreche.

Es ist nicht zu übersehen, dass sich die mathematische Sprache bei vielen Schülern durch das Lerntagebuch verbessert hat. Bestes Beispiel ist an dieser Stelle Alexa. Sie meldet sich viel häufiger und benutzt mehr mathematische Begriffe.

Ich möchte noch anmerken, wie interessant und besonders wie hilfreich es für jede Lehrkraft sein kann, die Stärken und Schwächen der Schüler ohne weitere Diagnoseverfahren erkennen zu können.

Abschließend kann ich sagen, dass die Einführung des Lerntagebuchs für alle Schüler einen Nutzen gebracht hat und somit erfolgreich war. Dagegen wurden die von mir im Voraus gesetzten Ziele nur teilweise und individuell verschieden weit erreicht.

**Ausblick**

Anhand der Untersuchung habe ich für mich herausgefunden, dass ich das Instrument „Lerntagebuch" in meinem Mathematikkurs leider nicht weiter entwickeln konnte, in Zukunft aber wieder verwenden werde. Klar geworden ist mir aber auch, dass noch einiges verändern muss. Deshalb zeige ich in einem kurzen Ausblick, in welcher Form ich das Lerntagebuch bei zukünftigem Unterricht einsetzen werde:

Sinnvoll wäre es, das Lerntagebuch gleich zu Beginn einer 5. Klasse als ein neues Lerninstrument einzuführen. So wird gewährleistet, dass genügend Zeit zur Verfügung steht, das Lerntagebuch kontinuierlich mit den Schülern zu entwickeln. Nur bei einer Fortführung des Lerninstrumentes über mehrere Jahre kann es zu einer echten Erinnerungshilfe werden und gewährleisten, dass der „rote Faden" als Vorbereitung auf Klausuren sowie auf kommende Abschlussprüfungen entsteht.
Ein Schwerpunkt meiner zukünftigen Arbeit mit dem Lerntagebuch muss es auch sein auf die Fragen bedeutend mehr einzugehen und die Antworten darauf im gemeinsamen Besprechungskreis[22] zu dokumentieren (beispielsweise auf einem Plakat oder als Notiz mit einem Extra-Symbol ☆ ins eigene Lerntagebuch).
Überdies werde ich beim nächsten Mal bei der Rückmeldung darauf achten, dass meine Kommentare ausführlicher und direkter werden. Dabei ist auch zu bedenken, dass bei einem persönlichen Gespräch die Möglichkeit besteht, den Schüler durch Selbstreflektion zu einer Verbesserung seiner Notizen zu lenken. Nach diesem Gespräch sollen die Schüler, wie auch im Forschungsheft (vgl. Kap. 3.3), mögliche Verbesserungen in ihrem Lerntagebuch vornehmen. Nur so können sie ihre Fehler nachhaltig verbessern.
Abschließend noch ein Zitat, was jetzt auch durch meine eigenen Erfahrungen unterstützt wird: **„Wie empirische Untersuchungen gezeigt haben, fördert das Lerntagebuch im Gegensatz zum traditionellen "Prüfungslernen" das langfristige Behalten von Inhalten, also das eher bedeutsame und anwendungsorientierte Lernen" (Mayr 1997, 234).**

[22] Die Besprechungsmethode „Sitzkreis" oder aber eine andere Methode werde ich wie in Kap. 5.2 beschrieben nach Wunsch der jeweiligen Klasse bzw. des jeweiligen Kurses anwenden.

## 7. Literatur

**Behörde für Schule und Berufsbildung (02.2009):** Rahmenkonzepte für Primarschule, Stadtteilschule und das sechsstufige Gymnasium. Hamburg

**FHH (2003a):** Bildungs- und Erziehungsauftrag, Teil des Bildungsplan integrierte Gesamtschule Sekundarstufe I, herausgegeben von der Freien und Hansestadt Hamburg, Behörde für Bildung und Sport, verbindlich ab 01.08.2003

**FHH (2003b):** Rahmenplan Aufgabengebiete, Teil des Bildungsplan integrierte Gesamtschule Sekundarstufe I, herausgegeben von der Freien und Hansestadt Hamburg, Behörde für Bildung und Sport, verbindlich ab 01.08.2003

**FHH (2007):** Rahmenplan Mathematik, Teil des Bildungsplan integrierte Gesamtschule Sekundarstufe I, herausgegeben von der Freien und Hansestadt Hamburg, Behörde für Bildung und Sport, verbindlich ab 01.08.2003, überarbeitete Fassung vom Februar 2007

**Gallin, P./ Ruf, U. (1991):** Sprache und Mathematik in der Schule. Auf eigenen Wegen zur Fachkompetenz. Zürich: Verlag Lehrerinnen und Lehrer Schweiz (LCH)

**Gallin, P./ Ruf, U. (1998):** Dialogisches Lernen im Mathematikunterricht. Seelze-Velber: Kallmeyersche Verlagsbuchhandlung

**Gallin, P./ Ruf, U. (1999):** Dialogisches Lernen in Sprache und Mathematik, Band 1, Austausch unter Ungleichen. Grundzüge einer interaktiven und fächerübergreifenden Didaktik. Seelze-Velber: Kallmeyersche Verlagsbuchhandlung

**Helmer (Dr.), J. (2007):** „Ich habe es so verstanden“ Ein Lerntagebuch im Mathematikunterricht. Siebtklässler schreiben über Lernen. Norderstedt: Hausarbeit zur zweiten Staatsprüfung

**Maier, H. (2000):** Schreiben im Mathematikunterricht. Mathematik lehren, H. 99, 10 – 13

**Heske, H. (1999):** Lerntagebücher im Mathematikunterricht – ein Baustein zum selbstreflexiven Lernen und zur Teamentwicklung. Pädagogik 51, H. 6, 8 – 11

**Heske, H. (2001):** Lerntagebücher. Eine Unterrichtsmethode, die das Selbstlernen im Mathematikunterricht fördert.

**Hußmann, S. (2003a):** Lerntagebücher – Mathematik in der Sprache des Verstehens. In: **Leuders, T. (Hrsg.):** Mathematik Didaktik. Praxishandbuch für die Sekundarstufe I und II. Berlin: Cornelsen Verlag; 75 – 92

**Hußmann, S. (2003b):** Mathematik entdecken und erforschen. Theorie und Praxis des Selbstlernens in der Sekundarstufe II. Berlin: Cornelsen Verlag

**Krowatschek, D. (2005):** Disziplin im Klassenzimmer: Bewährtes und Neues; ein Erziehungsprogramm aus der Praxis. Lichtenau : AOL-Verlag

**Leuders, T. (2003):** Mathematikunterricht auswerten. In: **Leuders, T. (Hrsg.):** Mathematik Didaktik. Praxishandbuch für die Sekundarstufe I und II. Berlin: Cornelsen Verlag; 292 – 322

**Mayr, J. (1997):** Evaluieren. In: **Buchberger, F./ Eichelberger, H./ Klement, K./ Mayr, J./ Seel, A./ Teml, H. (Hrsg.):** Seminardidaktik. Innsbruck: Studienverlag; 224-256

**Merziger, P. (2006):** Lerntagebücher beim Mathematik-Lernen nutzen. Die individuellen Zugänge zum Fachlernen stark machen. In: Pädagogik H. 1; 26 – 29

**Spinath, B. (2007):** Ein Lerntagebuch zur Förderung motivationsbezogener Voraussetzungen für Lern- und Leistungsverhalten bei Schüler/innen mit sonderpädagogischem Förderbedarf. In: **Gläser-Zikuda, M./ Hascher, T. (Hrsg.)**: Lernprozesse dokumentieren, reflektieren und beurteilen. Lerntagebuch und Portfolio in Bildungsforschung und Bildungspraxis. Bad Heilbrunn: Klinkhardt; 171 – 185

**Winter, F. (2007):** Fragen der Leistungsbewertung beim Lerntagebuch und Portfolio. In: **Gläser-Zikuda, M./ Hascher, T. (Hrsg.)**: Lernprozesse dokumentieren, reflektieren und beurteilen. Lerntagebuch und Portfolio in Bildungsforschung und Bildungspraxis. Bad Heilbrunn: Klinkhardt; 109 – 129

Internet:

**Gabriel, I./ Heske, H./ Teidelt, M./ Wesker, H. (25.08.2008):** Erfahrungen mit Lerntagebüchern im Mathematikunterricht der Sek. II. aus: http://www.learn-line.nrw.de/angebote/selma/foyer/projekte/lerntagebuecher/

**Stangl, W. (25.08.2008):** Arbeitstechniken und Technik wissenschaftlichen Arbeitens. Arbeitsaufgabe Lerntagebuch. aus: http://paedpsych.jk.uni-linz.ac.at:4711/TWA/AufgabeTagebuch.html

# 8. Anhang

**A 1: Infoblatt zum Lerntagebuch**
Mathematik – 7 – Si

# Lerntagebuch

## 1. Warum soll ein Lerntagebuch geführt werden?

Das Lerntagebuch soll dir helfen, den roten Faden im Unterricht und bei deiner selbstständigen Arbeit nicht zu verlieren. Du sollst über wichtige Inhalte nachdenken und diese anschließend für dich selbst übersichtlich zu notieren.
Dazu gehört auch, dass du bedenkst, wo Probleme liegen und was dir hilft, Mathematik (noch besser…) zu lernen.

## 2. Zur äußeren Form

Dein Lerntagebuch ist ein eigenes Heft im DIN A5- Format. Am Ende jeder (Mathe-) Woche bzw. noch am letzten Mathe- Tag (Donnerstag) zu Hause vor der Bearbeitung der Hausaufgaben sollst du deine Eintragungen machen, die durch bestimmte Symbole gekennzeichnet werden.
Es ist hilfreich, wenn du zwei Farben benutzt. So kannst du neue Inhalte in einer Farbe gestalten und offene Fragen oder Probleme, die du noch hast, in einer anderen Farbe gestalten.

## 3. Zum Inhalt

Deine Eintragung, die du regelmäßig jede Woche machst, soll folgende 3 Leitsätze enthalten:

| | |
|---|---|
| ☺ | Das ist wichtig und so habe ich es verstanden. |
| ? | Diese Frage(n) habe ich. |
| ! | Daran muss ich noch denken. |

Natürlich kannst du noch weitere Eintragungen, wie z.B. zur Gruppeneinteilung, zur Stimmung etc. in deinem Lerntagebuch machen.
Kennzeichne jede Eintragung mit dem ***Datum*** und dem entsprechenden ***Symbol***. Formuliere möglichst in ***ganzen Sätzen***. Es ist *besonders wichtig*, dass die Eintragungen möglichst ausführlich und in eigenen Worten geschrieben werden.

## 4. Die Funktion des Lerntagebuchs im Unterricht

Mich als Lehrerin interessiert, wie ihr mit den Inhalten zurechtkommt und welche Schwierigkeiten es gibt, um darauf eingehen zu können. Die wöchentliche Eintragung ist deshalb als regelmäßige Hausaufgabe am Donnerstag ***für alle verpflichtend***!
Am Montag stellen dann einige Schüler/innen seine/ihre Eintragungen zum Leitsatz ☺ vor. Die aufgetretenen Fragen werden anschließend gestellt und im Laufe des Unterrichts geklärt. Wie du hier schon bemerkst, ist das Lerntagebuch nicht geheim, im Gegenteil! Vielleicht kannst du mit deinen Eintragungen deinen Mitschülern helfen, wenn sie z.B. krank waren oder etwas nicht verstanden haben!
Dein Lerntagebuch werde ich in regelmäßigen Abständen einsammeln und anschauen. Des Weiteren wird das Lerntagebuch in die Mathematiknote miteinbezogen. Dabei lege ich auf die äußere Form deines Tagebuchs (Sauberkeit [z.B. sauber durchstreichen], Übersichtlichkeit, Vollständigkeit der Eintragungen) besonderen Wert.

Ich bin gespannt und freue mich auf eure Beiträge!

**A 2: Wesentliche Inhalte während der Untersuchung**

- 01.09.-04.09.2008: Die Funktion des Lerntagebuchs
  Wie berechnet man die Fläche, den Umfang eines Quadrats bzw. Rechtecks? (Wdh.)
  Wie berechnet man das Volumen eines Würfels bzw. Quaders? (Wdh.)
- 08.09.-12.09.2008: Wie berechnet man die Fläche, den Umfang eines Quadrats bzw. Rechtecks? (Wdh.)
  Wie berechnet man das Volumen eines Würfels bzw. Quaders? (Wdh.)
  Wie berechnet man die Oberfläche eines Würfels bzw. Quaders?
  eventuell: Wie rechnet man mit Dezimalzahlen? (Wdh.)
- 15.09.-19.09.2008: Alles Wesentliche aus letzter Woche
  Was sind „negative" Zahlen?[1]
  Was ist ein Zahlenstrahl?
- 22.09.-26.09.2008: Wie zeichnet man einen Zahlenstrahl?
  Was sind rationale Zahlen?
  Das Suchen und Eintragen von rationalen Zahlen in den Zahlenstrahl
  Umgehen mit „negativen" Zahlen
- 29.09.-03.10.2008: Das Ordnen und Vergleichen von rationalen Zahlen
- 27.10.-31.10.2008: Additives Rechnen mit rationalen Zahlen (spielerisch mit Guthaben und Schulden eingeführt)
  Was ist der Unterschied zwischen einem Vor- und einem Rechenzeichen?
- 03.11.-07.11.2008: Subtraktives Rechnen mit rationalen Zahlen
  Wie fasst man rationale Zahlen geschickt zusammen?
- 10.11.-14.11.2008: Berechnen von Sachaufgaben mit rationalen Zahlen
  Stammbrüche (Wdh.)
  individuelle Wdh. zum Thema rationale Zahlen (Vorbereiten auf die Arbeit)
- 17.11.-21.11.2008: Erweitern und Kürzen von Brüchen (Wdh.)
  Was ist ein echter bzw. unechter Bruch? (Wdh.)
  Bedeutung des Bruchstrichs (Wdh.)
- 24.11.-28.11.2008: Was sind ganze bzw. gemischte Zahlen? (Wdh.)
  Multiplikation von Brüchen
- 01.12.-05.12.2008: Multiplizieren von rationalen Zahlen
  Was ist der Kehrwert?
  Dividieren von rationalen Zahlen

---

[1] Ich spreche bewusst über negative Zahlen, da die Schüler in einem II-Kurs erst einmal begreifen müssen, welche Bedeutung diese genau haben. In der Woche darauf habe ich dann den Begriff rationale Zahlen eingeführt

A 3: Rückmeldebogen

# Rückmeldung zum Lerntagebuch

Name:

Jeder dieser Aussagen kannst du entweder zustimmen oder sie ablehnen.
In den Nummer-Feldern neben den Aussagen kreist du ein, wie stark du der Aussage zustimmst.
**Es geht um deine eigene Einschätzung. Es gibt also keine richtigen und falschen Antworten.**

| **Aussage** | **Skala** | | | | | | |
|---|---|---|---|---|---|---|---|
| | **Stimme ich voll zu** | **Stimme zu** | **Stimme eher zu** | **Teils / teils** | **Stimme eher nicht zu** | **Stimme nicht zu** | **Stimme gar nicht zu** |
| Das Lerntagebuch hat mir beim Lernen für eine Arbeit/ Test geholfen. | 3 | 2 | 1 | 0 | -1 | -2 | -3 |
| Ich habe jede Woche in mein Lerntagebuch geschrieben. | 3 | 2 | 1 | 0 | -1 | -2 | -3 |
| Das Lerntagebuch ist eine lästige Pflichterfüllung. | 3 | 2 | 1 | 0 | -1 | -2 | -3 |
| Ich wusste jedes Mal (beim Notieren von☺), was ich wichtig gelernt habe | 3 | 2 | 1 | 0 | -1 | -2 | -3 |
| ... und es ist mir leicht gefallen es aufschreiben, wie ich es verstanden habe. | 3 | 2 | 1 | 0 | -1 | -2 | -3 |
| Ich weiß bis heute nicht, wofür das Lerntagebuch gut ist. | 3 | 2 | 1 | 0 | -1 | -2 | -3 |
| Ich nutze das Lerntagebuch als Erinnerungshilfe. | 3 | 2 | 1 | 0 | -1 | -2 | -3 |
| Seitdem ich das Lerntagebuch führe, weiß ich schon, was ich in Mathe kann. | 3 | 2 | 1 | 0 | -1 | -2 | -3 |
| Ich finde es gut, der Lehrerin/ der Klasse Fragen stellen zu können. | 3 | 2 | 1 | 0 | -1 | -2 | -3 |
| Ich habe den wöchentlichen Sitzkreis als hilfreich empfunden. | 3 | 2 | 1 | 0 | -1 | -2 | -3 |
| Ich gebe mir sehr viel Mühe, wenn ich ins Lerntagebuch schreibe. | 3 | 2 | 1 | 0 | -1 | -2 | -3 |
| Ich finde es sehr wichtig, dass ich noch zusätzliche Anmerkungen mit einem Extrasymbol notieren kann. | 3 | 2 | 1 | 0 | -1 | -2 | -3 |
| Ich werde das Lerntagebuch weiterhin freiwillig weiterführen. | 3 | 2 | 1 | 0 | -1 | -2 | -3 |

**Gefallen hat mir...**

**Nicht gefallen hat mir...**

**A 4: Rückmeldung zum Lerntagebuch – Auswertung**

| Aussage | Skala | | | | | | |
|---|---|---|---|---|---|---|---|
| | Stimme ich voll zu | Stimme zu | Stimme eher zu | Teils/teils | Stimme eher nicht zu | Stimme nicht zu | Stimme gar nicht zu |
| Das Lerntagebuch hat mir beim Lernen für eine Arbeit/ Test geholfen. | 3 [1] | 2 [4] | 1 | 0 [2] | -1 [3] | -2 [1] | -3 [4] |
| Ich habe jede Woche in mein Lerntagebuch geschrieben. | 3 [5] | 2 [6] | 1 [1] | 0 [2] | -1 [1] | -2 | -3 |
| Das Lerntagebuch ist eine lästige Pflichterfüllung. | 3 [2] | 2 [3] | 1 [3] | 0 | -1 | -2 [3] | -3 [4] |
| Ich wusste jedes Mal (beim Notieren von☺), <u>was</u> ich wichtig gelernt habe | 3 [4] | 2 [6] | 1 [2] | 0 [2] | -1 | -2 [1] | -3 |
| ... und es ist mir leicht gefallen es aufschreiben, <u>wie</u> ich es verstanden habe. | 3 [6] | 2 [6] | 1 | 0 [2] | -1 | -2 | -3 |
| Ich weiß bis heute nicht, wofür das Lerntagebuch gut ist. | 3 [1] | 2 [3] | 1 [1] | 0 [1] | -1 [1] | -2 [2] | -3 [6] |
| Ich nutze das Lerntagebuch als Erinnerungshilfe. | 3 [5] | 2 [4] | 1 [2] | 0 | -1 | -2 [3] | -3 [1] |
| Seitdem ich das Lerntagebuch führe, weiß ich schon, was ich in Mathe kann. | 3 [6] | 2 [3] | 1 [2] | 0 [2] | -1 [1] | -2 [1] | -3 |
| Ich finde es gut, der Lehrerin/ der Klasse Fragen stellen zu können. | 3 [7] | 2 [2] | 1 [4] | 0 | -1 | -2 | -3 [1] |
| Ich habe den wöchentlichen Sitzkreis als hilfreich empfunden. | 3 [2] | 2 [4] | 1 [3] | 0 [2] | -1 [2] | -2 [1] | -3 [1] |
| Ich gebe mir sehr viel Mühe, wenn ich ins Lerntagebuch schreibe. | 3 [6] | 2 [6] | 1 [1] | 0 [1] | -1 [1] | -2 | -3 |
| Ich finde es sehr wichtig, dass ich noch zusätzliche Anmerkungen mit einem Extrasymbol notieren kann. | 3 [6] | 2 [3] | 1 [1] | 0 [3] | -1 [1] | -2 | -3 [1] |
| Ich werde das Lerntagebuch weiterhin freiwillig weiterführen. | 3 [7] | 2 [1] | 1 [2] | 0 [1] | -1 [1] | -2 | -3 [3] |

**Gefallen hat mir…** [teilweise wörtlich]

- dass ich notieren konnte, was ich gelernt habe
- eigene Symbole zu kreieren [4]
- dass Fragen im Sitzkreis besprochen wurden
- dass man auch Fragen ins Helft schreiben kann.
- dass man alles fragen kann, auch wenn sie leicht sind [2]
- gar nichts, das war nur eine Last
- 1x keinen Sitzkreis
- dass wir alles hineinschreiben durften
- dass wir reinschreiben durften, was uns nicht gefallen hat
- am Anfang gar nichts. Danach als ich es versucht habe das Lerntagebuch zu führen, hat es mir von Zeit zu Zeit Spaß gemacht.
- dass man sich immer alles durchlesen kann was man gemacht hat, weil ich es immer schnell vergesse. Deswegen werde ich es weiterhin durchführen.
- dass Frau Schiecke es eingesammelt und bewertet hat.
- dass Frau Schiecke es gelesen hat
- dass es mi als Erinnerungshilfe dient

**Nicht gefallen hat mir…**

- Sitzkreis [3]
- Note für Sauberkeit
- dass nicht jeder mind. 1 Zeichen vorgelesen hat. Manche haben sich nicht genug beteiligt
- dass es noch zu wenig auf Noten/ Tests bezogen wurde
- dass Frau Schiecke die ganze Zeit genervt hat, dass das Lerntagebuch geführt werden muss

## A 5: Ausschnitte aus Alexas Lernbucheintragungen

### A 5: I

Den: 30.10.2008

☺ Wir hatten Hausaufgaben auf und habe sie erst nicht verstanden, dann aber doch. Als Beispiel im Sommer beträgt die Temperatur in München 17,5°C. Im Sommer beträgt die Temperatur in Rom 25,6°C. Wie viel Grad ist im Sommer Rom durchschnittlich wärmer als in München? Man rechnet 25,6°C − 17,5°C, also 25,6°C − 17,5°C = 8,1°C. Es ist 8,1°C wärmer. Dann haben wir noch Zahlengeraden gezeichnet

? Keine Fragen

! Zahlengeraden üben.

### A 5: II

Den 6.11.2008

😐 Wir haben viele Übungen gemacht und ich habe es mittelmäßig verstanden. Texetaufgaben mag ich nicht so gerne. Bei b und c habe ich eine Lösung gefunden. Bei a und d brauche ich Ihre Hilfe. → gehört zum Extrapunkt ↳ z.B.? ↳ Welche Aufgaben? 1 Aufgabe genau beschreiben oder als Bsp.

? Warum kann man nicht alle Zahlen, die zwischen +3 und −5 liegen aufschreiben ↳ kannst du machen!

! Die Texetaufgaben mehr üben.

**A 5: III**[2]

Den 13.11.2008

☺ Ich habe das Erweitern und Kürzen von Brüchen verstanden z.b kürzen heißt: $\frac{30}{45}$ kann man durch 5 teilen $= \frac{6}{9}\frac{:3}{:3} = \frac{2}{3}$ (kürzen)

(Genau! Das ist so gut!) Ich muss Zähler und Nenner mit derselben Zahl teilen.

Erweitern: $\frac{2}{9}$ mit 4 erweitern $\frac{2 \cdot 4}{9 \cdot 4} = \frac{8}{36}$

Ich muss Zähler und Nenner mit 4 mal nehmen. (erweitern)

! Mich etwas mehr am Unterridct beteiligen

? Warum kann man ungerade Brüche nicht teilen.

Den 20.11.2008

☺ Ich habe gelernt wie man Brüche vergrößert z.b. $\frac{12}{25}\frac{\cdot 4}{\cdot 4} = \frac{48}{100}$

? Ich habe die Nummer 4 von den Hausaufgaben nicht verstanden. → welche?

! Ich muss meine Hausaufgaben mehr machen.

**A 5: IV**

26.11.08

☺ Diese Woche haben wir uns weiter mit Bruchrechnung beschäftigt. Wir haben angefangen die Brüche mit Brüchen zu multiplizieren und Brüche mit ganzen Zahlen. Beispiel: $\frac{1}{2} \cdot 5 = \frac{5}{2}$ oder $\frac{3}{5} \cdot 7 = \frac{21}{5}$

Merke: Bei multiplizieren mit einer ganzen Zahl wird nur der Zähler multipliziert.

$\frac{a}{b} \cdot c = \frac{a \cdot c}{b}$ (Toll!)

Brüche mit Brüche multiplizieren

$\frac{1}{2} \cdot \frac{3}{4} = \frac{3}{8}$

Merke: Bruch · Bruch = $\frac{\text{Zähler} \cdot \text{Zähler}}{\text{Nenner} \cdot \text{Nenner}}$

? Warum kann man diesen Bruch nicht durchstreichen. Beispiel! $\frac{15}{28} \cdot \frac{30}{17} = \frac{3 \cdot 5 \cdot 5 \cdot 6}{4 \cdot 7 \cdot 1 \cdot 17}$

! Diese Aufgaben muss ich noch mehr üben.

[2] Die Ausschnitte sind teilweise nicht in der Originalgröße wiedergegeben, um nicht einen zu großen Anhang zu erhalten.

**A 5: V**

04.12.'08

☺ Wir haben gelernt Brüche mit gemischten Zahlen zu multiplizieren. Ebenso lernten wir Brüche mit Brüchen zu dividieren.

Beispiel: $\frac{3}{4} : \frac{5}{7} = \frac{3}{4} \cdot \frac{7}{5} = \frac{3 \cdot 7}{4 \cdot 5} = \frac{21}{20}$

1. Bruch 2. Bruch = Kehrwert = $\frac{7}{5}$

Merke: 1. Bruch mit dem Kehrwert des 2. Bruches multiplizieren.

? Habe keine Fragen

! Für die Arbeit üben

**A 6: Alexas Rückmeldung**

Name: [geschwärzt]

Jeder dieser Aussagen kannst du entweder zustimmen oder sie ablehnen.
In den Nummer-Feldern neben den Aussagen kreist ein, wie stark du der Aussage zustimmst.
**Es geht um deine eigene Einschätzung. Es gibt also keine richtigen und falschen Antworten.**

| | Skala | | | | | | |
|---|---|---|---|---|---|---|---|
| **Aussage** | **Stimme ich voll zu** | **Stimme zu** | **Stimme eher zu** | **Teils/teils** | **Stimme eher nicht zu** | **Stimme nicht zu** | **Stimme gar nicht zu** |
| Das Lerntagebuch hat mir beim Lernen für eine Arbeit/ Test geholfen. | 3 | 2 | 1 | 0 | -1 | -2 | -3 (X) |
| Ich habe jede Woche in mein Lerntagebuch geschrieben. | 3 (X) | 2 | 1 | 0 | -1 | -2 | -3 |
| Das Lerntagebuch ist eine lästige Pflichterfüllung. | 3 | 2 (X) | 1 | 0 | -1 | -2 | -3 |
| Ich wusste jedes Mal (beim Notieren von☺), was ich wichtig gelernt habe | 3 (X) | 2 | 1 | 0 | -1 | -2 | -3 |
| ... und es ist mir leicht gefallen es aufschreiben, wie ich es verstanden habe. | 3 (X) | 2 | 1 | 0 | -1 | -2 | -3 |
| Ich weiß bis heute nicht, wofür das Lerntagebuch gut ist. | 3 | 2 | 1 | 0 | -1 | -2 | -3 (X) |
| Ich nutze das Lerntagebuch als Erinnerungshilfe. | 3 | 2 (X) | 1 | 0 | -1 | -2 | -3 |
| Seitdem ich das Lerntagebuch führe, weiß ich schon, was ich in Mathe kann. | 3 (X) | 2 | 1 | 0 | -1 | -2 | -3 |
| Ich finde es gut, der Lehrerin/ der Klasse Fragen stellen zu können. | 3 | 2 | 1 | 0 | -1 | -2 | -3 (X) |
| Ich finde den wöchentlichen Sitzkreis als hilfreich empfunden. | 3 | 2 (X) | 1 | 0 | -1 | -2 | -3 |
| Ich gebe mir sehr viel Mühe, wenn ich ins Lerntagebuch schreibe. | 3 (X) | 2 | 1 | 0 | -1 | -2 | -3 |
| Ich finde es sehr wichtig, dass ich noch zusätzliche Anmerkungen mit einem Extrasymbol notieren kann. | 3 (X) | 2 | 1 | 0 | -1 | -2 | -3 |
| Ich werde das Lerntagebuch weiterhin freiwillig weiterführen. | 3 (X) | 2 | 1 | 0 | -1 | -2 | -3 |

**Gefallen hat mir...**

Die Simbolle

**Nicht gefallen hat mir...**

den Sitzkreis

## A 7: Ausschnitte aus Lazars Lernbucheintragungen

**A 7: I**

19.09.08

☺ Man berechnet eine Fläche mit a · b oder a · a und Umfang rechnet man (a+b) · 2. a · a a · b (a+b) · 2

Fläche Umfang

→ bei welcher Figur?

? Kann man auch b · b rechnen? (~~Also Breite · Breite~~)

→ na klar, du kannst jeden Buchstaben einsetzen, z.B. z · z

! Wenn ich keine Hausaufgaben gemacht habe, schreibe ich beim Kontrollieren mit für den nächsten Test!

**A 7: II**

18.09.08

toll!

☺ ~~Ich~~ Ich habe gelernt, das Zahlen unter Null negative Zahlen sind und das Zahlen die über null liegen positive Zahlen sind.

! Mich nicht ablenken zulassen (Von Mehmet)

? Was sind Rationale Zahlen? ~~der~~ der Begriff

## A 7: III

17.11.08

☺ Ich habe gelernt wie man ~~zwei mit~~ zwischen ~~2 Zk~~ zwei Zahlen die Mitte findet.

Wie denn? In dem man die Zahlen ausrechnet und das Ergebnis durch ~~zw~~ zwei teilt

super Idee und gut beschrieben!

! Besser mitarbeiten

? Wozu sind Textaufgaben da?

## A 8: Lazars Rückmeldung

Name: [geschwärzt]

Jeder dieser Aussagen kannst du entweder zustimmen oder sie ablehnen.
In den Nummer-Feldern neben den Aussagen kreist ein, wie stark du der Aussage zustimmst.
**Es geht um deine eigene Einschätzung. Es gibt also keine richtigen und falschen Antworten.**

| Aussage | Skala | | | | | | |
|---|---|---|---|---|---|---|---|
| | Stimme ich voll zu | Stimme zu | Stimme eher zu | Teils/teils | Stimme eher nicht zu | Stimme nicht zu | Stimme gar nicht zu |
| Das Lerntagebuch hat mir beim Lernen für eine Arbeit/ Test geholfen. | 3 | 2 | 1 | X | -1 | -2 | -3 |
| Ich habe jede Woche in mein Lerntagebuch geschrieben. | 3 | 2 | X | 0 | -1 | -2 | -3 |
| Das Lerntagebuch ist eine lästige Pflichterfüllung. | X | 2 | 1 | 0 | -1 | -2 | -3 |
| Ich wusste jedes Mal (beim Notieren von☺), was ich wichtig gelernt habe | X | 2 | 1 | 0 | -1 | -2 | -3 |
| ... und es ist mir leicht gefallen es aufschreiben, wie ich es verstanden habe. | X | 2 | 1 | 0 | -1 | -2 | -3 |
| Ich weiß bis heute nicht, wofür das Lerntagebuch gut ist. | 3 | X | 1 | 0 | -1 | -2 | -3 |
| Ich nutze das Lerntagebuch als Erinnerungshilfe. | 3 | 2 | 1 | 0 | -1 | -2 | X |
| Seitdem ich das Lerntagebuch führe, weiß ich schon, was ich in Mathe kann. | 3 | 2 | 1 | X | -1 | -2 | -3 |
| Ich finde es gut, der Lehrerin/ der Klasse Fragen stellen zu können. | 3 | 2 | X | 0 | -1 | -2 | -3 |
| Ich finde den wöchentlichen Sitzkreis als hilfreich empfunden. | 3 | 2 | X | 0 | -1 | -2 | -3 |
| Ich gebe mir sehr viel Mühe, wenn ich ins Lerntagebuch schreibe. | X | 2 | 1 | 0 | -1 | -2 | -3 |
| Ich finde es sehr wichtig, dass ich noch zusätzliche Anmerkungen mit einem Extrasymbol notieren kann. | 3 | 2 | 1 | X | -1 | -2 | -3 |
| Ich werde das Lerntagebuch weiterhin freiwillig weiterführen. | 3 | 2 | X | 0 | -1 | -2 | -3 |

**Gefallen hat mir...** der Lerntagebuch am Anfang nicht. Danach als ich es versucht habe das Lerntagebuch zu führen hat es mir Zeit zu Zeit Spaß gemacht

**Nicht gefallen hat mir...**

# A 9: Ausschnitte aus Aylins Lernbucheintragungen

A 9: I

**A 9: II**

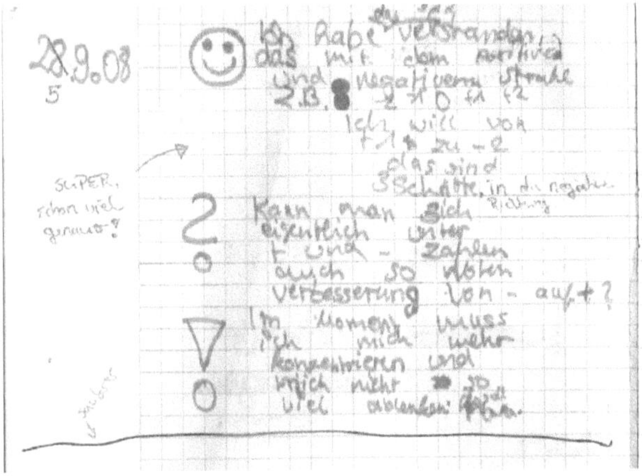

28.9.08

Ich habe verstanden, das mit dem positiven und negativen Strahl z.B. 2 1 0 +1 +2 Ich will von +1 zu -2 das sind 3 Schritte in die negative Richtung

Kann man eigentlich unter + und - Zahlen auch so roten Verbesserung von - auf + ?

Im Moment muss ich mich mehr konzentrieren und mich nicht so viel ablenken lassen.

SUPER, schon viel genauer!

**A 9: III**

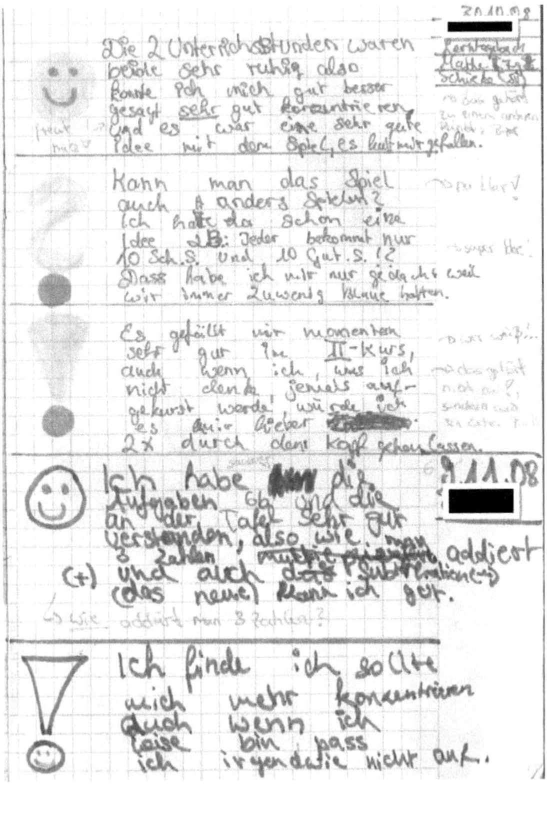

20.10.08

Die 2 Unterrichtsstunden waren beide sehr ruhig also konnte ich mich gut besser gesagt sehr gut konzentrieren und es war eine sehr gute Idee mit dem Spiel, es hat mir gefallen.

Kann man das Spiel auch anders spielen? Ich hatte da schon eine Idee z.B.: Jeder bekommt nur 10 Sch.S. und 10 Gut.S. !? Dass habe ich mir nur gedacht weil wir immer zuwenig Karten hatten.

Es gefällt mir momentan sehr gut im II-Kurs, auch wenn ich, was ich nicht denke, jemals runtergekurst werde würde ich es mir lieber 2x durch den Kopf gehen lassen.

9.11.08

Ich habe die Aufgaben 6b und die an der Tafel sehr gut verstanden, also wie man 3 Zahlen addiert (+) und auch Subtraktion (-) (das neue) kann ich gut.

↳ wie addiert man 3 Zahlen?

Ich finde ich sollte mich mehr konzentrieren auch wenn ich leise bin pass ich irgendwie nicht auf.

**A 9: VI**

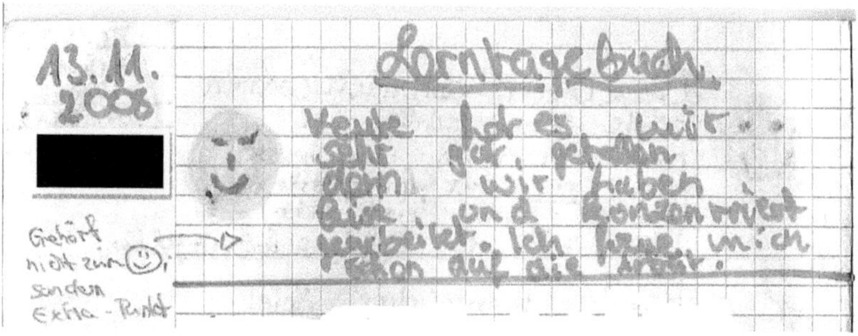

13.11. 2008

Lerntagebuch

Heute hat es mir sehr gut gefallen denn wir haben leise und konzentriert gearbeitet. Ich freue mich schon auf die Arbeit.

Gehört nicht zum ☺, sondern Extra-Punkt

**A 9: V**

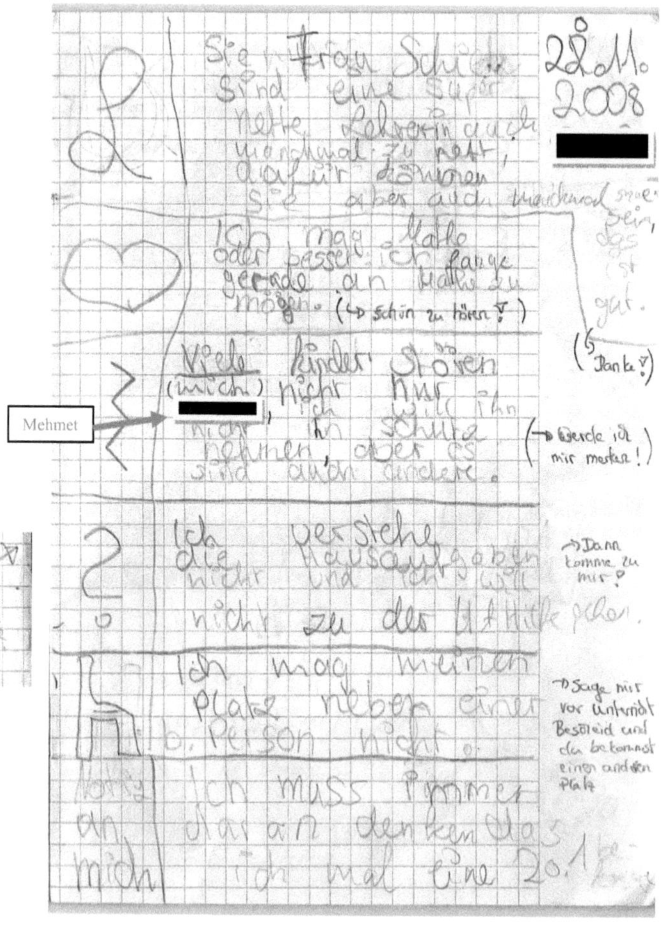

28.11. 2008

Frau Schi...

Sie sind eine super nette Lehrerin auch manchmal zu nett, dafür können Sie aber auch manchmal streng sein, das ist gut.

(↳ Danke ☺)

Ich mag Mathe oder besser ich fange gerade an Mathe zu mögen. (↳ Schön zu hören ☺)

Viele Kinder stören (mich) nicht nur ██████, ich will ihn nicht in Schutz nehmen, aber es sind auch andere.

(→ Werde ich mir merken!)

Mehmet

Ich verstehe die Hausaufgaben nicht und ich will nicht zu der HA Hilfe gehen.

→ Dann komme zu mir!

Ich mag meinen Platz neben einer b. Person nicht.

→ Sage mir vor Unterricht Bescheid und du bekommst einen anderen Platz

Notiz an mich

Ich muss immer daran denken das ich mal eine 2.1 ...

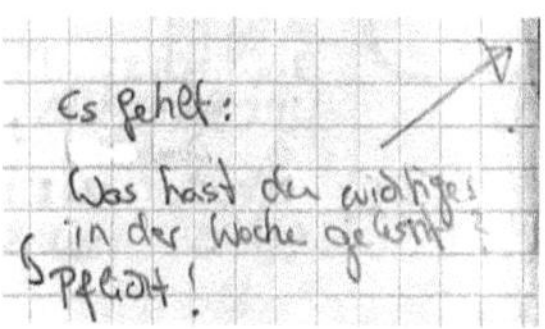

Es fehlt:

Was hast du Wichtiges in der Woche gelernt?

↳ Pflicht!

**A 9: VI**

27.11.2008 [geschwärzt]

☺ Ich fand heute den Merksatz sehr hilfreich.
↪ Welchen, schreibe ihn hierein!

2 ~~…~~ 1/4 als Kommazahl?
↪ 1 : 4 = 0,25

sauber!

Ich find es echt blöd, dass wir so viele HA aufkriegen. Ich verstehe ja, es muss sein, aber wenn man es ohne Lust macht, dann lernt man nicht. ↪ das stimmt!

Werde ich aufnehmen!

Aber heute (15.12) [illegible]

An mich: Nicht vergessen eine 1 oder 2 zu bekommen zu wollen.

**A 10: Aylins Rückmeldebogen**

Name: [geschwärzt]

Jeder dieser Aussagen kannst du entweder zustimmen oder sie ablehnen.
In den Nummer-Feldern neben den Aussagen kreist ein, wie stark du der Aussage zustimmst.
**Es geht um deine eigene Einschätzung. Es gibt also keine richtigen und falschen Antworten.**

| Aussage | Skala | | | | | | |
|---|---|---|---|---|---|---|---|
| | Stimme ich voll zu | Stimme zu | Stimme eher zu | Teils/teils | Stimme eher nicht zu | Stimme nicht zu | Stimme gar nicht zu |
| Das Lerntagebuch hat mir beim Lernen für eine Arbeit/ Test geholfen. | 3 | 2 | 1 | 0 | -1 | -2 | X |
| Ich habe jede Woche in mein Lerntagebuch geschrieben. | X | 2 | 1 | 0 | -1 | -2 | -3 |
| Das Lerntagebuch ist eine lästige Pflichterfüllung. | 3 | X | 1 | 0 | -1 | -2 | -3 |
| Ich wusste jedes Mal (beim Notieren von☺), was ich wichtig gelernt habe | 3 | 2 | 1 | X | -1 | -2 | -3 |
| … und es ist mir leicht gefallen es aufschreiben, wie ich es verstanden habe. | 3 | X | 1 | 0 | -1 | -2 | -3 |
| Ich weiß bis heute nicht, wofür das Lerntagebuch gut ist. | 3 | 2 | 1 | 0 | -1 | -2 | X |
| Ich nutze das Lerntagebuch als Erinnerungshilfe. | 3 | 2 | 1 | 0 | -1 | X | X |
| Seitdem ich das Lerntagebuch führe, weiß ich schon, was ich in Mathe kann. | X | 2 | 1 | 0 | -1 | -2 | -3 |
| Ich finde es gut, der Lehrerin/ der Klasse Fragen stellen zu können. | X | 2 | 1 | 0 | -1 | -2 | -3 |
| Ich finde den wöchentlichen Sitzkreis als hilfreich empfunden. | 3 | X | 1 | 0 | -1 | -2 | -3 |
| Ich gebe mir sehr viel Mühe, wenn ich ins Lerntagebuch schreibe. | X | 2 | 1 | 0 | -1 | -2 | -3 |
| Ich finde es sehr wichtig, dass ich noch zusätzliche Anmerkungen mit einem Extrasymbol notieren kann. | X | 2 | 1 | 0 | -1 | -2 | -3 |
| Ich werde das Lerntagebuch weiterhin freiwillig weiterführen. | 3 | 2 | 1 | 0 | -1 | -2 | X |

**Gefallen hat mir…**
das wir uns noch andere zeichen ausdenken durften.
das nur sie sich das durchgelesen haben.

**Nicht gefallen hat mir…**
das nicht jeder mind. 1 zeichen vorgelesen hat.
manche haben sich nicht ganz beteiligt.
das es noch zu wenig auf tests/Arbeiten bezogen wurde.
das es sich nichts fast geändert hat.

## A 11: Ausschnitte aus Mays Lernbucheintragungen

**A 11: I**

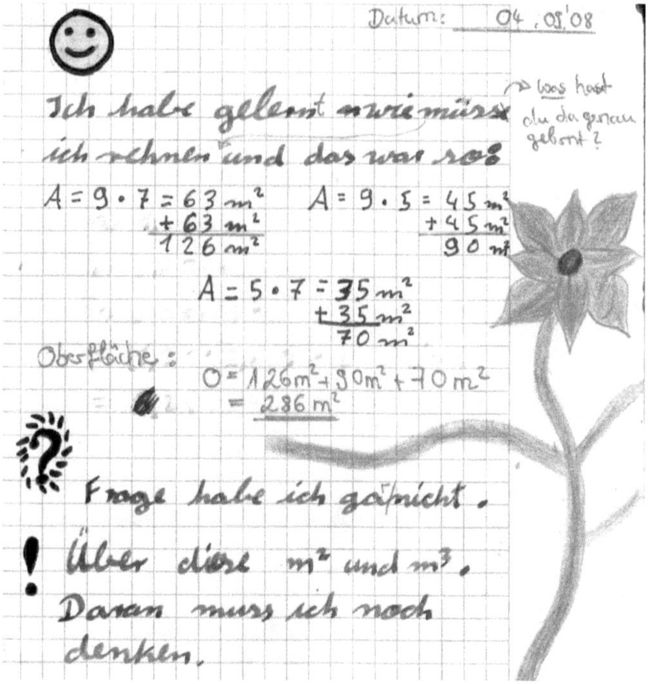

Datum: 04.08.'08

Ich habe gelernt wie müsse ich rechnen und das war so:

A = 9 · 7 = 63 m²
+ 63 m²
126 m²

A = 9 · 5 = 45 m²
+ 45 m²
90 m²

A = 5 · 7 = 35 m²
+ 35 m²
70 m²

Oberfläche:
O = 126m² + 90m² + 70 m²
= 286 m²

→ was hast du da genau gelernt?

Frage habe ich garnicht.

Über diese m² und m³. Daran muss ich noch denken.

**A 11: II**

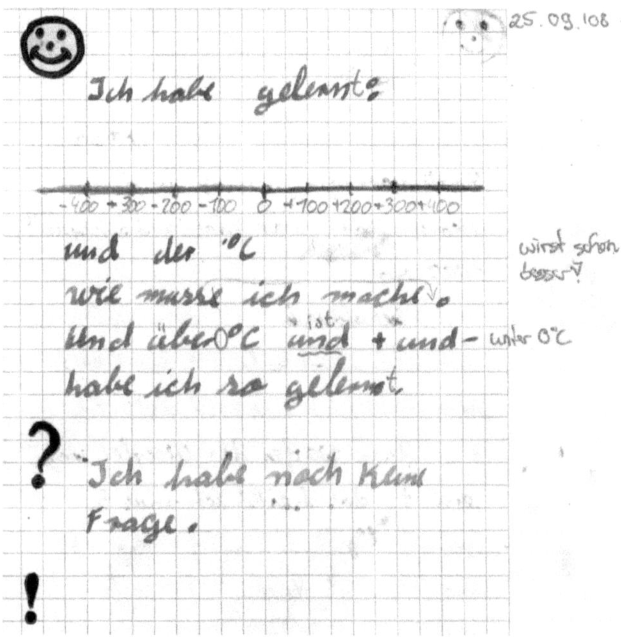

25.09.'08

Ich habe gelernt:

-400 -300 -200 -100 0 +100 +200 +300 +400

und der °C
wie muss ich machen.
Und über 0°C ist + und - unter 0°C
habe ich so gelernt.

wirst schon besser!

Ich habe noch keine Frage.

A 11: III

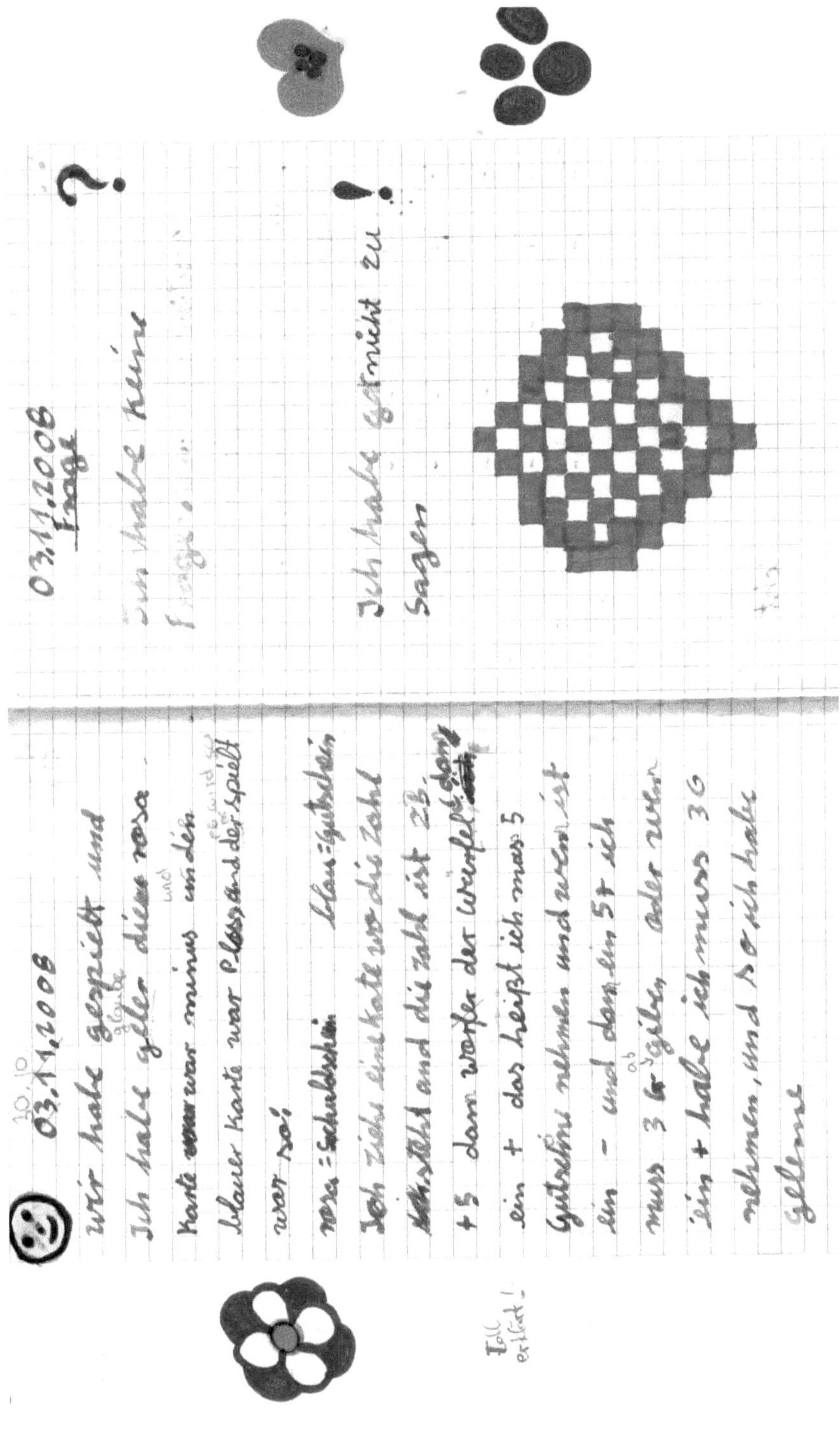

30.10.
03.11.2008

wir habe gespielt und
Ich habe glaube geler diese rosa
Karte war minus und den
blauer Karte war Plus und der spielt es wird so
war so:
rosa = Schuldschein blau = Gutschein
Ich ziehe eine Kate wo die Zahl
steht und die zahl ist ZB.
+5 dann worfer der Würfel dann
ein + das heißt ich muss 5
Gutscheine nehmen und wenn ist
ein – und dann ein 5+ ich
muss 3 ab geben oder wenn
ein + habe ich muss 3 G
nehmen, und so ich habe
gelernt

Toll erklärt!

03.11.2008
Frage

Ich habe keine
Frage.

Ich habe gar nicht zu
Sagen

**A 11: IV**

10.11.2008
06.11

Ich habe gelernt + war
[eine] der Positivezahl und - war
[eine] der Negative Zahl und ich
haben nach etwas gelernt und das
ist so:

| + | +3 | +1 | -2 | -10 |
| --- | --- | --- | --- | --- |
| +10 | +13 | +14 (crossed out) | -8 | -0 |
| -1 | +12 (crossed out) | -1 (crossed out) | -3 | -11 |
| -3 | +3 (crossed out) | -2 | +3 | -13 |
| -10 | -7 | -9 | -12 | -20 |

Merke dir:
- gleiche Vorzeichen u. Rechenzeichen sind immer + ⇒ [ -(-) = + , +(+) = + ]
- ungleiche immer − ⇒ -(+) = - , +(-) = -

Zu erst (für mich) war es ganz schwer, aber jetzt ist für mich leicht

10.11.2008

Bis jetzt, ich habe keine Frage.

Ich muss noch ein bisschen [bisien] Mühe geben zu alles zu verstehen.

11
08.12.2008

Heute (wir) haben (gelernt) ~~über~~ (die Bewegungesch-ichten), und das war so:

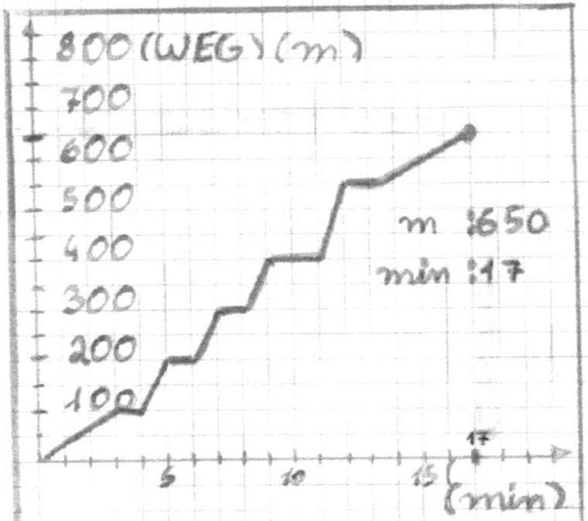


Tina läuft zu ihren Fahrrad, setzt den Hälm auf, und macht das Schloss ab, nach kurzem Zeit fährt sie zur Schule los.

Super

Bis jetzt, ich habe keine Fragen.

?

Ich habe bis jetzt alles verstanden über diese Bewegungeschichten.

!

Frau Sické (Schiecke), die rote gistien (Linje) ist nur die zum Beispiel von die(en) Bewegugeschichten.

## A 12: Mays Rückmeldebogen

# RÜCKMELDUNG ZUM LERNTAGEBUCH

Name: [geschwärzt] /7g

Jeder dieser Aussagen kannst du entweder zustimmen oder sie ablehnen.
In den Nummer-Feldern neben den Aussagen kreist ein, wie stark du der Aussage zustimmst.
**Es geht um deine eigene Einschätzung. Es gibt also keine richtigen und falschen Antworten.**

| **Aussage** | **Skala** | | | | | | |
|---|---|---|---|---|---|---|---|
| | **Stimme ich voll zu** | **Stimme zu** | **Stimme eher zu** | **Teils/teils** | **Stimme eher nicht zu** | **Stimme nicht zu** | **Stimme gar nicht zu** |
| Das Lerntagebuch hat mir beim Lernen für eine Arbeit/ Test geholfen. | 3 | X | 1 | 0 | -1 | -2 | -3 |
| Ich habe jede Woche in mein Lerntagebuch geschrieben. | 3 | X | 1 | 0 | -1 | -2 | -3 |
| Das Lerntagebuch ist eine lästige Pflichterfüllung. | X | 2 | 1 | 0 | -1 | -2 | -3 |
| Ich wusste jedes Mal (beim Notieren von☺), was ich wichtig gelernt habe | 3 | X | 1 | 0 | -1 | -2 | -3 |
| ... und es ist mir leicht gefallen es aufschreiben, wie ich es verstanden habe. | 3 | X | 1 | 0 | -1 | -2 | -3 |
| Ich weiß bis heute nicht, wofür das Lerntagebuch gut ist. | 3 | X | 1 | 0 | -1 | -2 | -3 |
| Ich nutze das Lerntagebuch als Erinnerungshilfe. | X | 2 | 1 | 0 | -1 | -2 | -3 |
| Seitdem ich das Lerntagebuch führe, weiß ich schon, was ich in Mathe kann. | X | 2 | 1 | 0 | -1 | -2 | -3 |
| Ich finde es gut, der Lehrerin/ der Klasse Fragen stellen zu können. | 3 | X | 1 | 0 | -1 | -2 | -3 |
| Ich finde den wöchentlichen Sitzkreis als hilfreich empfunden. | 3 | X | 1 | 0 | -1 | -2 | -3 |
| Ich gebe mir sehr viel Mühe, wenn ich ins Lerntagebuch schreibe. | 3 | X | 1 | 0 | -1 | -2 | -3 |
| Ich finde es sehr wichtig, dass ich noch zusätzliche Anmerkungen mit einem Extrasymbol notieren kann. | 3 | X | 1 | 0 | -1 | -2 | -3 |
| Ich werde das Lerntagebuch weiterhin freiwillig weiterführen. | X | 2 | 1 | 0 | -1 | -2 | -3 |

**Gefallen hat mir...**

Das Lerntagebuch war Erinnerungshilfe für mich und die andere.

**Nicht gefallen hat mir...**

Vielen Dank für deine Hilfe!